LIFEHACKS
– Hund –

Die besten Kniffe für den Alltag

Julia Wenderoth

LIFEHACKS
– Hund –

Die besten Kniffe für den Alltag

Julia Wenderoth

INHALT

LIFEHACKS

DIE GU-QUALITÄTS-GARANTIE

Wir möchten Ihnen mit den Informationen und Anregungen in diesem Buch das Leben erleichtern und Sie inspirieren, Neues auszuprobieren. Bei jedem unserer Produkte achten wir auf Aktualität und stellen höchste Ansprüche an Inhalt, Optik und Ausstattung. Alle Informationen werden von unseren Autoren und unserer Fachredaktion sorgfältig ausgewählt und mehrfach geprüft. Deshalb bieten wir Ihnen eine 100 %ige Qualitätsgarantie.

Darauf können Sie sich verlassen:
Wir legen Wert auf artgerechte Tierhaltung und stellen das Wohl des Tieres an erste Stelle. Wir garantieren, dass:
- alle Anleitungen und Tipps von Experten in der Praxis geprüft und
- durch klar verständliche Texte und Illustrationen einfach umsetzbar sind.

Wir möchten für Sie immer besser werden:
Sollten wir mit diesem Buch Ihre Erwartungen nicht erfüllen, lassen Sie es uns bitte wissen! Wir tauschen Ihr Buch jederzeit gegen ein gleichwertiges zum gleichen oder ähnlichen Thema um. Nehmen Sie einfach Kontakt zu unserem Leserservice auf. Die Kontaktdaten unseres Leserservice finden Sie am Ende dieses Buches.

GRÄFE UND UNZER VERLAG
Der erste Ratgeberverlag – seit 1722.

EIN PAAR WORTE VORAB

Lifehacks für Hunde. 16 verschiedene Hundebloggerinnen stellen
ihre besten und originellsten Lösungen, Tipps und Tricks für die
alltäglichen Problemchen mit unseren Vierbeinern vor.

Was haben ein Gummihandschuh und eine Fusselrolle gemeinsam? Sie können das Zusammenleben von Mensch und Hund wesentlich vereinfachen, aber nicht etwa in ihrer ursprünglichen Funktion. Kreatives Zweckentfremden lautet das Zauberwort für fast alle Hunde-Lifehacks mit erstaunlichen und überraschenden Resultaten.

HUNDE-LIFEHACKS

In diesem Buch findest du über 70 clevere Hacks rund um den Hund, aufgeteilt auf fünf Themengebiete. Von Gesundheit, Ernährung bis hin zur Erziehung unserer Lieblinge, sind hier für alle hündischen Lebenslagen verrückte und praktische Ideen dabei. Und für fast alle brauchst du nur das, was du sowieso schon zu Hause hast. So sparst du dir ganz einfach Nerven, Geld und Zeit, die du in vollen Zügen mit deinem Hund genießen kannst.

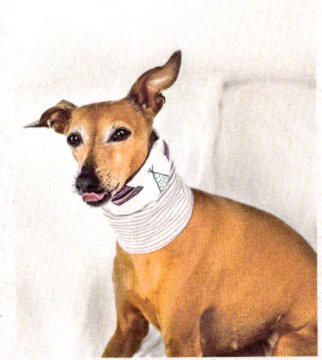

MIDOGGY COMMUNITY

Wie kommen 16 Hundebloggerinnen eigentlich dazu, ihre Lifehacks in einem gemeinsamen Buch vorzustellen? Sie sind alle Mitglied in der Blog-Community miDoggy, die von Julia Wenderoth ins Leben gerufen wurde. Hier kommen begeisterte und erfahrene Hundehalter und -halterinnen zusammen, um ihr Wissen aus erster Hand unter dem gemeinsamen Motto »Von Hunden. Für Hunde. Mit Liebe.« an die Leser weiterzugeben. Auf dieser einzigartigen Online-Plattform können sich Mensch-Hunde-Teams Anregungen zu vielfältigen Themen wie zum Beispiel Beschäftigung, Pflege, originellem Zubehör oder Reisen mit dem Hund holen.

UNSERE HUNDE-EXPERTINNEN

16 erfahrene Hundehalterinnen, die ihre wertvollen Informationen rund um den Hund aus erster Hand tagtäglich auf ihren Blogs vielen Hundebegeisterten zur Verfügung stellen.

JULIA WENDEROTH | COMMUNITY.MIDOGGY.DE
Ich bin begeisterte Hundebloggerin und gebe, inspiriert von meiner ständigen Begleiterin, Windspiel-Hündin Lola, meine Erfahrungen rund um den Hund auf meinem Blog weiter. Im Jahr 2015 habe ich die miDoggy Community ins Leben gerufen und biete seitdem Hundebegeisterten die Möglichkeit, sich zu informieren, auszutauschen oder selbst zum Hundeblogger zu werden.

CHRISSEY BETZ | KAYABORDERCORGI.COM

Auf meinem Blog dreht sich alles um meine Border-Collie-Corgi-Mischlingshündin, die ich 2014 aus Teneriffa zu mir holte. Neben zahlreichen Einblicken in Kayas Hundeleben findest du dort DIY–Ideen, Trickanleitungen und viele andere Beiträge rund um den Hund.

DINI BOSSE | HUNDEKIND-ABBY.DE

Abby zog vor 5 Jahren bei uns ein als absoluter Wunschhund, auf den ich 24 Jahre warten musste. Auch wenn man sich vor der Anschaffung eines Hundes informiert, auf manche Dinge ist man einfach nicht vorbereitet, dann benötigt man Kreativität und Einfallsreichtum. Genau das hat die letzten Jahre mit Abby auch zu so etwas Besonderem gemacht. Ich habe wahnsinnig viel von ihr gelernt und hoffe, dass das auch noch viele Jahre so weitergeht.

SARAH BOTH | BOTHSHUNDE.COM

Als selbstständige Hundetrainerin verhelfe ich meinen Kunden und Bloglesern zu einem entspannten Hund. Aufgedrehte und nervöse Hunde stehen im Fokus meines Blogs, damit für alle mehr Gelassenheit im Alltag möglich wird.

EVA EHRENTRAUT | UNDERCOVER-LABRADOR.DE

Mit Husky Kylar zogen auch die Vorurteile ein. Dass man sich nicht durchs Leben ziehen lassen muss, beweise ich auf meinem Blog. Mit Neuankömmling Kuma meistere ich die kleinen und großen Probleme der Hundeerziehung.

NICOLE GOETZ | MOEANDME.DE

Jede Woche erzählen mein Mischling Moe und ich unseren Lesern spannende Geschichten aus dem Hundealltag. Wir sind immer auf der Suche nach tollen Produkten, nehmen unsere Leser aber auch gerne mit auf unsere Abenteuer in der Welt.

LIZZY HÄUßLER | AUSSIEBLOG.DE

Bei »Indianermädchen & Wildfang« dreht sich alles um meine Australian Shepherd Mädels Emmely und Hazel. Wir nehmen euch mit in unsere chaotischen Alltagsabenteuer, erklären Tricks und geben Einblicke in die hundgestützte Therapie mit Autisten.

REBECCA KOLCHMEIER |
VERMOPST.BLOGSPOT.DE

Ich lebe zusammen mit meiner Mopshündin Molly und Herrchen in Stuttgart. Seit nun über vier Jahren sind wir ein eingespieltes Team. Schnell kam der Wunsch nach einem eigenen Blog. Dort schreiben wir über das alltägliche (liebevolle) Chaos, gemeinsame Reisen und alles rund um das Thema Hund.

SABRINA KONCZAK |
DIETUTNICHTS.DE

Ich lebe mit meiner Schäferhündin Queen und der kleinen Shih-Tzu-Dame Püppi in Osnabrück. Ich bin Volljuristin und schreibe auf dem Hundeblog Dietutnichts über das Leben mit meinen beiden Lieblingen. Als Inhaberin des Hundeshops Glückshund habe ich mein Hobby zum Beruf gemacht.

SANDRA MUSCULUS |
DREIPUNKTECHARLIE.DE

Ich bin Kauffrau und Hundenärrin mit Charlie und Lis: Charlie ist ein Jungspund aus Ungarn, Lis ein ehemaliger rumänischer Straßenhund. Charlies Besonderheit ist seine Erblindung aufgrund eines Gendefekts, die neben seiner Lebensfreude auch Thema in meinem Blog ist.

REBECCA NOEH | LESWAUZ.COM

Ich bin als freiberufliche Kreative in der Werbung tätig und lebe mit meinem Freund und dem Jack-Russell-Terrier-Mädchen Pixie in Hamburg. Auf meinem Blog kläre ich meine Leser zu Themen wie Ernährung, Training und Gesundheit für Hunde auf und stelle tolle Produkte und Bücher vor.

ANNA-LENA RADÜNZ | HAPPYDOGLIFE.DE

Meine 3-jährige Golden-Retriever-Hündin Lilly und ich haben schon viel gemeinsam erlebt, im Improvisieren kennen wir uns gut aus. Lilly ist bei mir am Strand in Griechenland aufgewachsen und erst seit einem Jahr in Deutschland. Auf meinem Blog erzähle ich von unserem Leben, berichte über Abenteuer & Reisen und teile unsere Rezepte für Hundesnacks mit dir.

KATARINA RIEDEL | LOKIDERLABRADOR.DE

Anfang 2017 habe ich, eine Wahl-Leipzigerin, einen Blog für Ersthundehalter ins Leben gerufen. Für genügend Themenstoff sorgt mein Labradorrüde Loki (Jahrgang 2016), der mitten in der Pubertät ist und schnell aufdreht.

KERSTIN SONNEBORN |
KLEINEHUNDESCHNAUZEN.COM

Meine Hunde Grisu & Kessie sind die Inspiration für meinen Blog, der für leicht verständliches Hundewissen rund um Hundeverhalten, Zubehör, Alltagstipps und Hundefotografie steht und der gerade kleinen Hunden einen besonderen Platz bietet.

CHRISTINA STADTMÜLLER |
ZUCKERUNDZIMTDESIGN.COM

»Kreativ sein ist wie naschen, man kann einfach nicht damit aufhören!« Und getreu diesem Motto stelle ich auf meinem Blog kreative Näh- und DIY-Projekte für Hund und Frauchen vor.

SUSANNE STEFFEN |
STRESSLESSDOGS.DE

Seit 2008 helfe ich Hund & Halter, gemeinsame Stärken zu entdecken, zu nutzen und auszubauen. Neben der ursachenorientierten Arbeit mit »problematischen« Hunden biete ich mit Hundephysiotherapie und -ernährungsberatung sowie Fitness- und Entspannungstraining ein nachhaltiges Rundumpaket für Hund & Halter.

LIFEHACKS
FÜTTERN &
FUTTERN

Liebe geht ja bekanntlich durch den Magen. Was eine Backmatte dabei mit Leckerlis zu tun hat, wie eine Muffinform zur gesunden Ernährung beiträgt und viele weitere tolle Tricks findest du in diesem Kapitel.

RUTSCHSICHERER NAPF

Ist dein Hund beim Trinken aus seinem Napf stürmisch, steht nicht nur der Boden unter Wasser. Auch der Napf rutscht durch die Gegend. Mit diesen Tipps sorgst du für mehr Halt.

... MIT ANTIRUTSCHMATTE

MATERIAL

- Antirutschmatte aus dem Baumarkt
- Panzertape
- Schere
- Filzstift

1. Stelle den Napf auf die Antirutschmatte und übertrage mit dem Filzstift die Kontur des Bodens.
2. Dann schneidest du den Kreis oder die Form des Napfs aus der Matte aus.
3. Nun formst du zwei Streifen des Panzertapes mit der klebenden Seite nach außen zu Röhren. Klebe sie auf die Antirutschmatte und befestige die beklebte Matte am Boden des Napfes.

Hinweis: Flüssigkleber eignet sich nicht zum Befestigen der Antirutschmatte auf dem Napf, denn er würde durch das Gitter der Matte quellen.

... MIT ANTIRUTSCHGEL

MATERIAL

- Gel für Antirutschsocken
  (z. B. Drogeriemarkt)

1. Verteile das Antirutschgel pünktchenweise auf
den Rand des Napfbodens.

2. Dann lass das Gel nach Gebrauchsanweisung
trocknen. Fertig!

 **DAS FUNKTIONIERT NICHT!**

Mit Filzgleitern, die du im Laden kaufen kannst, lässt sich ein Napf nicht stop-
pen. Durch die glatte Oberfläche der Gleiter rutscht der Napf weiter und sogar
noch besser. Ändern würde sich nur der Geräuschpegel. Filzgleiter wurden
nämlich entwickelt, damit sich z. B. Stühle ruhiger schieben lassen.

ABWASCHBARE NAPFUNTERLAGE

Eine Napfunterlage ist immer eine gute Möglichkeit, den Futterplatz sauber zu halten. Besteht sie aus abwaschbaren Materialien, dann lassen sich Futterreste ganz einfach von der Napfunterlage entfernen.

MATERIAL

- Wachstuch
- Nähmaschine
- Schere

1. Übertrage zweimal die Knochenform mithilfe eines Stifts auf die linke Seite des Wachstuchs. Die Vorlage für den Knochen findest du unter http://www.gu.de/haustier/65312.

2. Schneide die beiden Knochen aus und lege sie aufeinander. Die rechten Wachstuchseiten zeigen dabei nach außen.

3. Nähe knappkantig mit der Nähmaschine einmal rundherum um den Knochen.

STULPEN ALS OHRENHALTER

Stulpen lassen sich ganz einfach zu einem perfekten Ohrenschutz (Snood)
oder Schal umfunktionieren. Über den Kopf ziehen – und schon können
die Ohren nicht mehr in das Futter hängen.

MATERIAL
- Beinstulpen (für große
  Hunde)
- Armstulpen (für kleine
  Hunde)
- Bikini-Füßlinge (für ganz
  kleine Hunde)

1. Dehne die Stulpe mit beiden Händen auf, dann raffst
du sie zusammen.

2. Nun schiebst du die Stulpe über die Hundeschnau-
ze, bis sie über der gewünschten Stelle liegt, zum
Beispiel über den Ohren.

Hinweis: Die Stulpe darf nicht zu fest sitzen, der Hund
muss sie ganz leicht selbst ausziehen können.

HILFE GEGEN SCHLINGEN

Wenn Hunde beim Fressen schlingen, gelangt oft zu viel Luft in den Magen, was im schlimmsten Fall zu einer Magendrehung führen kann. Um das zu verhindern, gibt es zwei einfache Tricks.

... MIT DER MUFFINFORM

MATERIAL
- Muffinform
- Futter

Du brauchst dafür eine Muffin-Backform. Diese gibt es in verschiedenen Ausführungen, etwa aus Silikon oder Metall, mit 6, 12 oder 24 Vertiefungen.

Damit dein Hund nicht mehr schlingt, portioniere das Futter und verteile es in den Vertiefungen.

Je mehr Vertiefungen die Muffinform hat, desto mehr Zeit benötigt dein Hund zum Fressen. Wenn du einige Vertiefungen frei lässt, dann wird dein Vierbeiner außerdem dazu angeregt, mit seiner Nase zu suchen.

Hinweis: Der Lifehack funktioniert sowohl mit feuchtem als auch trockenem Futter.

... MIT BALL IM NAPF

MATERIAL
- Ball (ca. Tennisball-Größe)
- Trockenfutter
- Futternapf

1. Platziere den Ball in der Mitte des Napfes.
2. Fülle nun das Trockenfutter rund um den Ball in den Futternapf und lass deinen Hund fressen.

NICHT BEI EINEM BALLJUNKIE

Wenn der Hund verrückt nach Bällen ist, wird der Hack nicht funktionieren. Der Hund wird den Ball im schlimmsten Fall ins Körbchen bringen und das Futter nicht mehr anrühren. Oder das Gegenteil ist der Fall: Der Hund wird durch den Ball nur zusätzlich angestachelt, noch schneller zu fressen.
Fazit: Bei Balljunkies das Futter in eine Muffinform füllen.

FALTBARER REISENAPF

Einen Wassernapf solltest du für deinen Hund im Idealfall immer dabei-
haben. Die meisten Näpfe sind aber recht groß und sperrig. Dieser faltbare
Trinknapf passt in nahezu jede Tasche und ist so stets einsatzbereit.

MATERIAL

- beschichtete Baumwolle
- Maßband, Zirkel
- Schere
- Schrägband, 50 cm lang
- Stecknadeln oder Won-
  derclips
- Nähmaschine

Der Napf besteht aus einem dünnen, wasserabweisen-
den Stoff und lässt sich dadurch auf einen Bruchteil
seiner Größe zusammenklappen. Füllst du den Napf
bis knapp unter den Rand, beträgt das Fassungsvermö-
gen rund einen Liter. Genug für große Hunde mit noch
größerem Durst.
Schneide aus dem Stoff einen Kreis (Ø 16 cm), ein Quadrat (30 x 30 cm) und ein Rechteck (51 x 13 cm) zu.

1. Falte den rechteckigen Stoff rechts auf rechts in der Breite und nähe die offene kurze Seite mit einer Nahtzugabe von 1 cm zu. Das wird der Rand des Napfes.

2. Stecke das Randstück rundherum rechts auf rechts an den Kreis und nähe beides mit 1 cm Nahtzugabe zusammen.

3. Wende den Napf und falte den oberen Rand 4,5 cm nach innen um. Kleide nun noch die Innenseite mit dem quadratischen Stoffstück aus.

4. Falte den Stoff in Abständen zu einer Seite und fixiere die Falten am Rand. Schneide das überstehende Innenfutter bündig ab. Nähe den Innenstoff an der Außenwand fest und das Schrägband um die Oberkante.

LECKERLIBEUTEL TO GO

Hast du keine Lust mehr auf Leckerlikrümel in der Jackentasche und suchst eine einfache Lösung, um leicht mit einer Hand an die Leckerlis zu gelangen? Dann ist dieser Beutel für die Jackentasche genau das Richtige für dich.

MATERIAL
- Socke, am besten aus Baumwolle
- Schere

Schneide mit der Schere den Strumpf unterhalb der Ferse ab, nimm den unteren Teil, schlage den Rand zweimal um, und fertig ist der Leckerlibeutel. Befülle ihn maximal zu drei Viertel, damit keine Leckerlis herausfallen. Den Beutel kannst du in der Waschmaschine waschen. Spüle ihn anschließend unter fließendem Leitungswasser aus, um Waschmittelreste zu entfernen.

PLASTIKBEUTEL ALS TRINKNAPF TO GO

Aus einem Plastikbeutel kannst du unterwegs schnell einen Trinknapf für deinen Hund falten. Besonders gut eignen sich Kotbeutel, die du ohnehin dabeihast, um die Hinterlassenschaften deines Hundes wegzumachen.

MATERIAL
- ein Plastikbeutel, z. B. ein Kotbeutel
- eine Wasserflasche (gefüllt)

1. Schlage den Rand des Beutels mehrfach nach außen um.

2. Diesen Napf stellst du dann auf den Boden.

3. Schütte vorsichtig Wasser aus der Flasche in den Napf. Und schon kann dein Hund trinken.

FISCHKEKSE BACKEN

Hundeleckerlis gibt es in jeder Geschmacksrichtung, die man sich vorstellen kann. Doch leider befinden sich oftmals Dinge auf der Zutatenliste, die alles andere als gesund sind. Hier ist eine leckere Alternative.

ZUTATEN

- 400 g Dinkelvollkornmehl
- 1 (glückliches) Ei
- 2 EL Öl, z. B. Rapsöl
- 2 EL Kokosflocken
- 1 Dose Thunfisch
- 2 EL Haferflocken

Schon von Anfang an habe ich die Leckerlis für meine Fellschnauze selbst gebacken, weil ich mit den Zutaten sichergehen wollte und so auch immer weiß, woraus die Leckerlis bestehen. Dabei ist die DIY-Variante nicht nur gesünder, sondern auch noch wesentlich günstiger als hochwertige Fertigprodukte. Außer den Zutaten sind noch eine Rührschüssel, ein Handrührgerät mit Knethaken, ein Nudelholz und Ausstechförmchen nötig.

1. Der Teig ist ganz einfach und schnell gemacht. Gib zuerst das Dinkelmehl in die Schüssel und darauf alle restlichen Zutaten. Heize den Backofen auf 200 °C vor.

2. Danach knetest du mit dem Handrührgerät oder mit der Hand den Teig zu einer Masse. Gib nun so viel Wasser zu dem Teig, bis die Masse kompakt, aber nicht zu klebrig ist.

3. Nun streust du etwas Mehl auf die Arbeitsfläche und rollst den Teig mit dem Nudelholz ca. 1 cm dick aus. Wenn der Teig zu klebrig ist, knete noch etwas Mehl ein. Dann kannst du den Teig nach Belieben ausstechen.

4. Bei 200 °C Ober-/Unterhitze etwa 15–20 Minuten backen. Die Kekse ausreichend trocknen lassen. Da sie keine Konservierungsstoffe enthalten, sind sie etwa 2 Wochen haltbar. Nicht luftdicht verpacken.

LECKERLIS AUS DER BACKMATTE

Du nimmst eine handelsübliche Fetttrenn-Backmatte, drehst sie um und hast so eine Silikonform für viele kleine Leckerlis. Verwende bitte nur lebensmittelechte, hitzebeständige Backmatten aus Silikon!

MATERIAL

- 300 g Mehl
- 1 Karotte
- 1/2 Apfel
- 300 ml Wasser
- Fetttrenn-Backmatte

1. Reibe den entkernten, geschälten Apfel und die Karotte ganz fein. Bereite aus allen Zutaten einen glatten Teig. Anschließend verteilst du den Teig mit einem Teigschaber auf der Backmatte.

2. Bei 180 °C Umluft 20–30 Minuten im Backofen backen, bis die Leckerlis gut durchgebacken sind. Abkühlen lassen und aus der Backmatte drücken.

Tipp: Nicht in geschlossenen Gefäßen lagern. Bei Schimmelbefall alle Leckerlis wegwerfen.

STYLISHE LECKERLIDOSE

Unsere Vierbeiner lieben Leckerlis, doch die herumliegenden Tüten sind alles andere als schön und dazu auch noch ziemlich unpraktisch. Viele Leckerlis werden schnell trocken und hart. Dagegen hilft eine stylishe Leckerlidose.

MATERIAL
- Schraubdeckel-Glas
- Sprühlack gold
- Hundefigur aus Plastik
- Prägegerät für Etiketten
- Heißklebepistole und Patrone
- Leckerlis zum Befüllen

1. Besprühe die Hundefigur und den Deckel mit Goldlack und lass alles 24 Stunden trocknen. Befestige die Hundefigur mit dem Heißkleber auf dem Deckel.

2. Erstelle mit dem Prägegerät ein Etikett mit deinem Wunschtext, etwa dem Hundenamen.

Tipp: Um selbst gebackene Leckerlis in die Dose füllen zu können, stich Löcher in den Deckel. So kann sich in der Dose keine Feuchtigkeit ansammeln.

LECKERLIS FÜR SENSIBLE

Hunde, die fett- und kohlenhydratarm ernährt werden müssen, sind eine Herausforderung. Mit den besonders verträglichen Zutaten in diesem Rezept müssen sie trotzdem nicht auf Leckerlis verzichten.

ZUTATEN
- 200 g Kokosmehl
- 1 TL Backpulver
- 200 g gewolftes Fleisch
- 1 EL gehackte Petersilie
- 75 ml Wasser
- 1 TL Chiasamen

Die Vorteile der Hundeleckerlis sind schnell aufgezählt:
- Du kannst die Herkunft der Zutaten nachvollziehen.
- Du verwendest nur Zutaten, die dein Hund mag und auch verträgt. Dadurch kannst du je nach Geschmack deines Hundes das Rezept auch variieren. Variationen findest du unter http://www.gu.de/haustier/65312.
- Die Zutaten sind immer frisch, ohne Konservierungsstoffe.

1. Alle Zutaten im Mixer gut mischen, bis eine homogene Masse entstanden ist.

2. Streiche die Masse auf einem mit Backpapier belegten Blech ca. 0,5 cm bis maximal 1 cm dick aus. Im Backofen bei 70–100 °C backen.

3. Ist die Oberfläche schnittfest, den Teig mit einem Pizza-schneider in 0,5 x 0,5 cm kleine Würfel schneiden, nicht trennen. Die Masse weiter-backen, bis sie den gewünsch-ten Trockenheitsgrad erreicht hat. Die Leckerlis trennen.

4. Da die Leckerlis keine Konser-vierungsstoffe enthalten, ist ihre Haltbarkeit begrenzt. Eini-ge Tage halten sie sich in einer Dose oder in einem Baumwoll-beutel. Tipp: Lege Dry-Packs in die Dose.

DÖRRFLEISCH SELBST GEMACHT

Du möchtest deinem Hund köstliche Leckerlis geben – ohne Konservierungsstoffe, Zucker und andere Chemie? Mach sie einfach selbst – du wirst staunen, wie einfach dies ist. Und dein Hund wird dich lieben!

Dörrfleisch ist die gesündeste Art von Leckerlis. Du wählst mageres Fleisch wie z. B. Hühnchenbrust oder Rindergulasch und dörrst es im Dörrautomaten auf mehreren Ebenen übereinander.

SO GEHT'S

Schneide das magere Fleisch in 0,5 cm dicke und fingerlange Streifen. Bedenke, dass das Fleisch durch das Dörren deutlich kleiner wird! Schneide die Streifen deshalb nicht zu klein. Lege die Scheiben auf die Ebenen deines Dörrautomaten. Schalte das Gerät auf 70–80 °C an. Nun heißt es Geduld haben, vor allem für deinen Hund! Das Fleisch ist nach 18–20 Stunden fertig gedörrt.

ALTERNATIVE BACKOFEN

Du kannst Fleisch auch im Backofen bei 70–80 °C dörren, er verbraucht aber mehr Energie. Lass die Tür einen Spalt offen, dass der Dampf entweichen kann.

EXPERTEN-TIPP

BEI DER HALTBARKEIT BEACHTEN

Es ist wichtig, dass das Fleisch komplett durchgetrocknet ist, damit es haltbar ist. Lass es nach dem Trocknen auf Küchenpapier abkühlen.

Bewahre das fertige Dörrfleisch trocken auf, z. B. in einem Stoffbeutel, dass Luft drankommt und es nicht schimmelt. Es ist mehrere Monate haltbar.

KOKOS-KRÄUTER-PRALINEN

Immer wieder werde ich nach Tipps und Tricks gefragt, wie Hundehalter denn am einfachsten diverse Kräuter, Nahrungsergänzungen oder sogar Medikamente an bzw. in diesem Fall in den Hund bekommen, da viele Hunde den oft intensiven Geruch der Naturprodukte nicht mögen und dann das gesamte Mahl verschmähen.

Die Pralinen sind eine gesunde Leckerei.

Hier kommt die einfache, leckere und »Zwei Fliegen mit einer Klappe«-Variante für alle, in deren Ernährungsplan selbst gebackene Kekse, Leberwurst oder Käse nicht passen – für alle anderen natürlich auch, vorausgesetzt, der Hund mag Kokos.

KOKOSÖL IST GUT FÜR DEINEN HUND

Kokosöl ist gesund, denn es besteht zu mehr als 50 % aus mittelkettigen Fettsäuren. Diese wirken nicht nur antimykotisch und antiviral, sondern auch antimikrobiell. Außerdem ist Kokosöl leicht verdaulich. Das Fett steht als Sofortenergie zur Verfügung, statt in Fettdepots eingelagert zu werden. Gib deinem Hund davon maximal ca. 1 g pro 5 kg Körpergewicht pro Tag.
Die kleinen Pralinen kannst du in einem Gefäß im Kühlschrank aufbewahren. Gefüttert wird je nach Bedarf, als Leckerli, Betthupferl, zwischendurch, beim Training.

MATERIAL
- reines, natives Kokosöl
  (am besten bio und öko)
- Kräuter deiner Wahl,
  trocken oder frisch (evtl.
  mit dem Tierarzt oder
  Heilpraktiker absprechen)
- Pralinenform

1. Kokosöl erwärmen,
es wird bereits bei
25 °C flüssig. Es soll-
te nicht kochen!

2. Die Kräuter zerkleinern und mit
einem Löffel in die Form füllen. Das
flüssige Kokosöl darübergießen.

3. Die Form in den Kühlschrank stellen.
Wenn das Kokosöl hart ist, sind die
Pralinen fertig.

MOBILE
GRASKISTE

Du hast keinen Garten, sondern »nur« einen Balkon oder eine Terrasse? Dein Hund nascht aber gern frisches Gras und liebt es, auf einer Wiese zu dösen? Mit dieser Graskiste kann er das nun auch ganz einfach bei dir zu Hause!

GESUNDES GRAS
Als Saatgut nimmst du ganz einfach Grassamen aus dem Gärtnerbedarf. Ich nutze immer Weizen, wie er auch zur Anzucht von Sprossen verwendet wird. Der ist besonders gesund für den Hund.

SO GEHT'S
Du benötigst eine Anzuchtschale oder Plastikbox, in die du Löcher in den Boden bohrst, damit das Wasser ablaufen kann, sowie Pflanzenerde und Grassaat. Fülle die Box etwa zu zwei Drittel mit Erde, damit das Gras Wurzeln schlagen und richtig wachsen kann. Nun verteile die Grassaat gleichmäßig auf der Erde. Bei einer Anzuchtschale mit den Maßen 58 x 32 x 11 cm brauchst du etwa drei Handvoll. Vermenge Erde und Saat – die Samen sollten regelmäßig verteilt sein, dürfen aber nicht zu tief liegen – und gieße die Erde. Nach 10–14 Tagen ist die Wiese gewachsen.

EXPERTEN-TIPP

DIE WIESE PFLEGEN

Die Wiese ist pflegeleicht, doch gießen solltest du sie ab und zu, damit das Gras nicht verdorrt. Sind die Halme etwa 12–15 cm lang, kürzt du sie einfach mit einer Schere auf 5 cm runter. So wächst die Kisten-Wiese wieder kräftig nach, und dein Hund hat lange Freude daran.

HUNDEEIS FÜR HEISSE TAGE

Kennst du das? Du liegst gemütlich in der Sonne, und jetzt fehlt nur noch ein leckeres Eis zur Abkühlung. Das denkt auch dein Hund. Lass das Eis aber erst antauen, so reizt es bei sensiblen Hunden nicht den Magen.

Als Basis dient zum Beispiel Quark, dazu kommen noch Obst und Gemüse. Natürlich geht es auch deftig mit Fleisch und Fisch. Vermische alles mit der Basiszutat und püriere es. Nun füllst du das Eis in kleine Eisförmchen oder Eiswürfelbehälter.

Das Eis am Stiel verfütterst du am besten auf zweimal. Von den Eispralinen darf dein Hund maximal ein bis zwei Stück (je nach seiner Größe) pro Tag naschen.

BANANEN-KOKOS-PRALINEN-EIS

- 150 g Naturjoghurt
- 1 reife Banane
- 1 EL Honig
- 1 EL Kokosraspeln

LACHSPRALINEN-EIS

- 150 g Quark
- 150 g Seelachsfilet (frisch oder TK)
- 1/4 Salatgurke

BEEREN-CRUNCHY-EIS

- 150 g körniger Frischkäse
- je 80 g frische Him- und Heidelbeeren
- 1 EL Sonnenblumenkerne
- 1 EL Haferflocken

LIFEHACKS
HEALTHY
DOGS

Was haben Deoroller, Gefriertüten und Möhren gemeinsam? Es sind drei tolle Helferlein, wenn es deinem Hund nicht gut geht. Wie du sie einsetzt und weitere nützliche Tipps findest du auf den folgenden Seiten.

FLÖHE UND ZECKEN LOSWERDEN

Zecken und Flöhe können Krankheiten übertragen und Juckreiz verursachen. Daher solltest du deinen Hund regelmäßig absuchen: wegen Zecken nach jedem Spaziergang. Mit diesen Tipps entkommt dir keiner der Parasiten.

... MIT DEM FLOHKAMM

MATERIAL
- Flohkamm
- weißes Laken

1. Bevor du deinen Hund nach Flöhen absuchst, lege ein weißes Laken oder einen weißen Bettbezug aus und stelle deinen Hund darauf. So siehst du jeden Schädling, der aus dem Fell fällt!
2. Dann ziehst du den Flohkamm langsam durch das Fell und schaust bei jedem Strich auf die Zinken. Flöhe sind recht klein und dunkel, ihr Kot sieht aus wie kleine schwarze Krümel.
3. Hast du den Hund einmal komplett durchgekämmt, kannst du auf dem Laken hinterher sehen, ob Flöhe, Floheier oder -kot, evtl. auch eine Zecke aus dem Fell gefallen sind.

Tipp: Wenn du das Laken anfeuchtest, verfärbt es sich bei Flohkot durch das enthaltene Blut rot.

... MIT DER FUSSELROLLE

MATERIAL
• Fusselrolle
• evtl. Leckerli

Bei kurzhaarigen Hunden gehst du mit der Rolle gleich nach dem Spaziergang über das Fell, da sich die Zecken dann noch auf dem Haarkleid befinden. So kannst du die Zecken sehr einfach absammeln. Bei langhaarigen Hunden können sich die Zecken schneller im Fellkleid verstecken. Deshalb musst du nach jedem Spaziergang in der Natur das Fell gegen den Strich kämmen. Die krabbelnden Zecken kannst du dann mit der Klebefläche der Fusselrolle auftupfen.

Hinweis: Wenn sich die Zecke bereits festgebissen hat, entferne sie schnellstmöglich mit einer Zeckenzange oder einer Zeckenkarte.

KUSCHELDECKE FÜR MILBENALLERGIKER

Gerade in Hundebetten befinden sich viele Milben. Hat der Tierarzt bei deinem Hund eine Allergie gegen Hausstaubmilben festgestellt, sollte das Bett aus waschbaren Textilien bestehen, um Milben zuverlässig abzutöten.

MATERIAL

- Bettdecke (Größe nach Belieben), Füllung Synthetikfaser
- Bettbezug (Größe wie Bettdecke)
- evtl. allergendichter Zwischenbezug (Encasing)

Auch dein allergischer Hund möchte einen gemütlichen Liegeplatz. Beziehe dafür eine Bettdecke mit einem Bezug und lege diese in das Körbchen oder auf den Platz. Bettdecken und Bezüge sollen bei mindestens 60 °C waschbar sein. Bei ausgeprägter Allergie verhindert ein allergendichter Zwischenbezug, dass sich die Milben in die Füllung einnisten bzw. dass schon vorhandene Milben von der Bettdecke zur Haut des Hundes gelangen.

DEOROLLER ZUM STRESSABBAU

Hunde können durch Kauen oder Schlecken Stress und Anspannung abbauen. Unterstütze deinen Hund in Stresssituationen wie beispielsweise beim Autofahren, indem du ihn an einem gefüllten Deoroller schlecken lässt.

MATERIAL
- leerer Deoroller (gibt es z. B. in der Apotheke)
- etwas Leckeres zum Befüllen, z. B. Leberwurst
- ca. 2–3 Esslöffel Wasser

1. Verdünne die Leberwurst oder Ähnliches mit etwas Wasser und fülle das Futtergemisch in den Deoroller. Schraube ihn fest zu.

2. Lass deinen Hund in Stresssituationen an der Futtertube schlecken, bis er sich wieder entspannt hat.

Hinweis: Die eingefüllte Wurst ist gekühlt ca. 3 Tage haltbar. Vor dem nächsten Befüllen spüle bitte den Roller gründlich aus.

ANGSTLÖSENDE KÖRPERBANDAGE

Die Körperbandage ist eine wunderbare Möglichkeit, deinem Hund durch angsterfüllte Momente zu helfen und seine Körperwahrnehmung zu verbessern. Ursprünglich ein Element des Tellington-TTouch®, wird die Bandage heute für viele verschiedene Zwecke verwendet.

So beginnst du mit der Bandage.

Hat dein Hund Angst vor Gewitter, lauten Geräuschen oder anderen Situationen, die ihm gruselig erscheinen, dann hast du sicher im Internet schon von sogenannten Thundershirts gehört. Die Körperbandage ist eine schnelle und kostengünstige Variante dieser Shirts.

SICH BESSER SPÜREN KÖNNEN

Die Körperbandage wird mit leichtem Druck am Körper angebracht. In allen Situationen, die deinem Hund nicht geheuer sind oder die ihm Angst machen, sorgt die Bandage dafür, dass er sich sicher und gehalten fühlt. Dadurch kann er sich entspannen, die Angst rückt in den Hintergrund.

Tipp: Bewegungsübungen mit Bandagierung sind deutlich effektiver und können bei älteren oder verletzten Hunden helfen, den Bewegungsablauf sowie das allgemeine Körpergefühl zu verbessern.

MATERIAL

- 1 elastische Bandage, Länge ca. 4-mal so lang wie dein Hund von der Brust bis zu den Hinterbeinen

1. Lege die Bandage mittig mit leichtem Druck an der Brust deines Hundes an (siehe Bild links).

2. Kreuze die Enden einmal über den Schulterblättern und unter dem Bauch deines Hundes, führe sie danach wieder nach oben zum Rücken. Halte die Bandage immer leicht auf Spannung.

3. Verknote die beiden Enden.

BESUCH BEIM TIERARZT

Für Hund und Halter bedeutet ein Tierarztbesuch oft Stress. Trainierst du mit deinem Hund jedoch schon im Vorfeld solche Besuche, dann kannst du deinem Hund auch in außergewöhnlichen Situationen Sicherheit vermitteln.

Ziel eines solchen Trainings ist es, dass sich dein Hund ohne Stress (von dir) überall problemlos berühren lässt, er keine Angst vor glattem Untergrund und dem Anlegen von Verbänden hat. Geübt wird daheim in ruhiger Umgebung ohne Ablenkung und mit viel Belohnung.

TIERARZTBESUCH OHNE INDIKATION

Die zu Hause erlernten Schritte werden bei einem Tierarztbesuch ohne bestimmtes Behandlungsziel geübt und gefestigt. Dein Tierarzt ist sicher bereit, eine »Pseudo-Behandlung« durchzuführen. So wird dein Hund später bei einem »echten« Krankheitsfall sogar schmerzhafte Behandlungen über sich ergehen lassen.

CHECKLISTE FÜR DEN TIERARZTBESUCH

Für eine gezielte und schnelle Behandlung solltest du Folgendes parat haben: aktuelle Krankengeschichte, Testergebnisse, Medikamentenliste, Ernährungsplan etc.

EXPERTEN-TIPP

ZEIT SPAREN BEIM HAUTTIERARZT

Bei Hautkrankheiten kannst du beim Tierarztbesuch einiges an Zeit sparen, indem du die betroffenen Hautstellen vorher kennzeichnest. Dazu benutzt du ganz einfach buntes Klebeband. So findest du beim Tierarzt (trotz Aufregung) schnell alle zu behandelnden Stellen wieder. Schuppen, verdächtige Krabbeltiere oder Ähnliches kannst du ebenfalls auf einem Klebeband sichern und mitbringen.

PFOTENBALSAM MIT LAVENDELÖL

Hundepfoten sind ständig verschiedenen Einflüssen ausgesetzt, welche die Haut spröde werden lassen. Um dem entgegenzuwirken, kannst du die Pfoten eincremen – mit selbst gemachtem Pfotenbalsam.

ZUTATEN FÜR 50 GRAMM
- 5 g Bienenwachspastillen
- 45 g Kokosöl
- 2 bis 3 Tropfen Lavendelöl
- Cremetiegel oder Schraubglas

1. Erhitze die Bienenwachspastillen und das Kokosöl im Wasserbad, bis alles vollständig geschmolzen ist.

2. Rühre einige Male um und gib anschließend das Lavendelöl dazu.

3. Danach füllst du den Pfotenbalsam in ein verschließbares Gefäß und lässt ihn abkühlen.

Tipp: Du kannst auch ein anderes ätherisches Öl, etwa Kamillen- oder Ringelblumenöl, verwenden.

ANTIRUTSCHSOCKEN

Auf glatten Böden können Hunde leicht ausrutschen, besonders wenn sie Probleme mit dem Bewegungsapparat haben oder verletzte Pfoten mit Verband. Hier helfen Babysocken mit selbst gemachten Antirutschnoppen.

MATERIAL
- Babysocken (Größe passend zu den Pfoten)
- Plusterstift (erhältlich im Kreativladen oder Internet)
- evtl. Fixierpflaster

1. Ziehe die Babysocken über die Hand oder z. B. ein Trinkglas, um sie besser bemalen zu können.

2. Male mit dem Plusterstift Punkte oder ein anderes Muster auf die Ober- und Unterseite der Socken. Gut trocknen lassen, auf links drehen und bügeln (Gebrauchsanweisung des Stiftes beachten).

3. Falls die Socken verrutschen, kannst du sie mit etwas Fixierpflaster umwickeln – aber nicht zu fest!

SCHUTZ FÜR VERLETZTE PFOTEN

Verletzungen an Pfoten oder Krallen sind für deinen Hund nicht nur äußerst schmerzhaft, sondern beeinträchtigen ihn auch beim Laufen. Hier erfährst du, wie du verletzte Pfoten vor Geschlecke und Dreck schützen kannst.

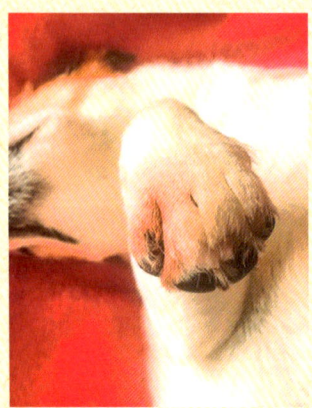

Oft ist es sinnvoll, verletzte Pfoten oder Krallen nach dem Reinigen und Desinfizieren zunächst richtig zu verbinden. Sobald die Wunde geschlossen ist, sollte der Verband jedoch abgenommen werden, damit Luft an die Pfote kommt.

Wichtig: Desinfiziere die Verletzung täglich, damit diese wirklich gut heilen kann. Hierfür eignet sich am besten ein Desinfektionsmittel, das nicht brennt.

SO SCHÜTZT DU DIE PFOTE

Um die Wunde auch ohne Verband vor Geschlecke und Schmutz zu schützen, kommt einfach eine Babysocke aus Baumwolle über die Pfote. Diese fixierst du am Unterschenkel, indem du einen Streifen Leukoplast mittig um die Socke klebst. Achte darauf, dass das Leukoplast nicht zu eng sitzt. Schon ist die Pfote geschützt und kann gut heilen.

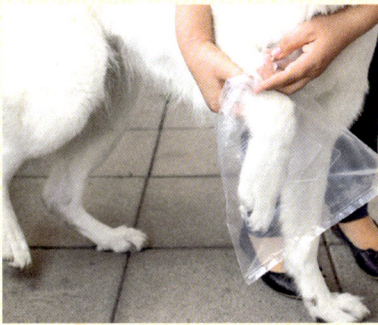

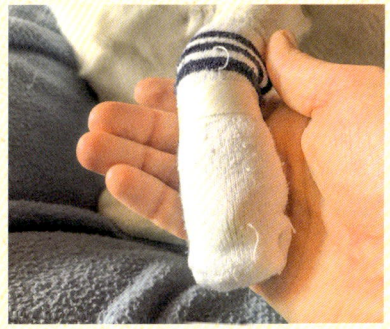

EXPERTEN-TIPP

PFOTENSCHUTZ FÜR UNTERWEGS

Unterwegs schützt eine kleine, stabile Tüte die verletzte Pfote vor Dreck und Nässe. Auch wenn sich dein Hund unterwegs verletzt, sind Tüten eine schnelle erste Maßnahme, um die Wunde zu schützen. Reinige die Wunde und stülpe die Tüte über die Pfote. Fixiere sie mit Klebeband oder einem Haargummi. Achte auch hier darauf, die Pfote nicht abzuschnüren!

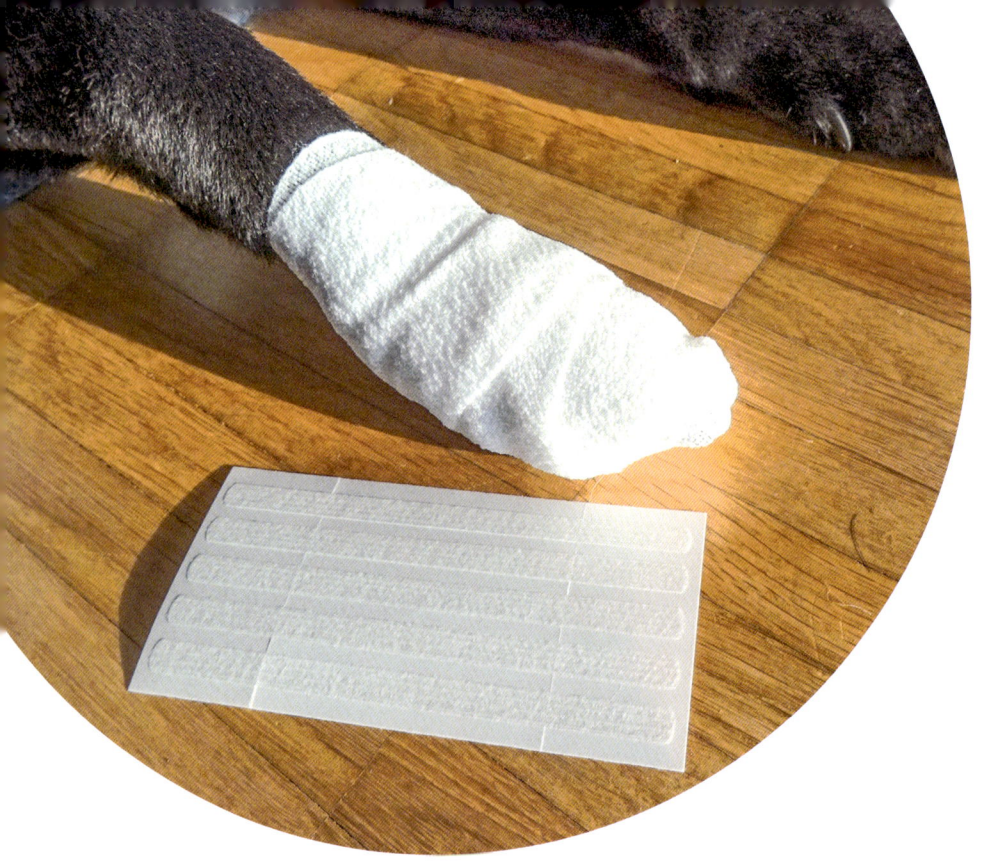

KLAMMERPFLASTER ZUR ERSTVERSORGUNG

Einen Verband zur Erstversorgung kann vermutlich jeder Hundehalter anlegen. Was aber tun bei einer klaffenden Schnittwunde? Klammerpflaster eignen sich hervorragend zur Erstversorgung von Wunden am Pfotenballen.

MATERIAL
- Erste-Hilfe-Set
- Klammerpflaster

1. Die Wunde möglichst ausspülen und von Schmutz / Fremdkörpern befreien. Falls zur Hand, geht das gut mit einem flüssigen Desinfektionsmittel.

2. Drücke die Wundränder zusammen. Lege das Pflaster so an, dass es die Wundränder möglichst eng zusammenhält. Bei Bedarf mehrere Pflaster nehmen.

3. Decke das Pflaster mit einem sterilen Tuch ab, verbinde die Stelle und fahre dann zum Tierarzt.

TRAGEHILFE FÜR VERLETZTE HUNDE

Als Lis einen Kreuzbandriss hatte, konnte sie zwar mit der Schiene laufen, aber keine Treppen und Stufen steigen. Ich habe deshalb eine praktische Tragetasche gebastelt, mit der ich sie an zwei Henkeln hochheben konnte.

MATERIAL
- stabiler Stoff
  (z. B. Markisenstoff)
- Gurtband
- Schere
- Maßband
- Schneiderkreide
- Nähmaschine

Miss den Bauchumfang deines Hundes. Je nach seiner Größe gibst du 2 bis 4 cm zu. Miss dann den Abstand zwischen Vorder- und Hinterbeinen. Hier ziehst du je nach Größe 2 bis 4 cm ab. Schneide aus dem Stoff ein Rechteck mit den ermittelten Maßen aus. Bei Bedarf säumst du den Stoff. Zum Schluss nähst du zwei Tragegriffe aus Gurtband von außen an die Ecken des Rechtecks. Achte darauf, dass Material und Nähte stabil genug sind!

VORGESORGT MIT NOTFALLKARTE

Hoffentlich passiert es nie: Du hast einen Unfall, musst ins Krankenhaus und kannst deinen Helfern nicht sagen, dass dein Hund allein zu Hause ist. Mit der Notfallkarte sorgst du für alle Fälle vor.

MATERIAL

- vorgedruckte Notfallkarte (Vorlage unter http://www. gu.de/haustier/65312)

Bist du in einen Unfall verwickelt und kannst dich nicht mehr äußern, dann musst du dir mit der Notfallkarte um deinen Hund keine Sorgen machen! Darauf vermerkst du neben deinem Namen die Kontaktdaten deiner Vertrauensperson. Sie kann sich dann um deinen Hund kümmern. Lade die Vorlage herunter und drucke sie aus. Schneide die vorgedruckte Karte aus, fülle sie aus und stecke sie gut sichtbar in dein Portemonnaie, dann hast du sie immer dabei.

SUPPE GEGEN DURCHFALL

Wenn dein Hund Durchfall hat, hilft als erste Maßnahme diese Möhren-
suppe. Gib sie deinem Hund vier- bis fünfmal täglich in kleinen Portionen.
Wird der Durchfall nicht besser, konsultiere auf jeden Fall den Tierarzt.

MATERIAL
- 1 kg Möhren
- Wasser
- Pürierstab
- für einen Vorrat:
  Einmachgläser, Klammern
  und Gummiringe

Möhren schälen, würfeln, mit Wasser bedeckt 1 Stunde
kochen. Bei Bedarf Wasser nachgießen. Dann pürieren
und das Mus mit Wasser bis Suppenkonsistenz verdün-
nen. Zum Einkochen in die Gläser füllen (nicht ganz bis
zum Rand), verschließen und für 40 Minuten bei 100 °C
in den Backofen stellen. Klammern erst abnehmen,
wenn die Gläser erkaltet sind. Dunkel und kühl lagern.

HILFE BEI SODBRENNEN

Unsere Hunde können genau wie wir Menschen an Sodbrennen leiden. Dabei gelangt Magensäure aus dem Magen zurück in die Speiseröhre. Das ist natürlich sehr unangenehm für die betroffenen Hunde.

Hat dein Hund Sodbrennen, dann leckt er sich typischerweise oft über die Nase, er schmatzt, stößt auf und würgt bis hin zum Erbrechen von gelblicher, sauer riechender Flüssigkeit. Mit den Tipps rechts kannst du Sodbrennen lindern.

Wichtig: Sollten die Symptome länger anhalten, gehe bitte mit deinem Hund zum Tierarzt!

HÄUFIGERE MAHLZEITEN

Neigt dein Hund zu Sodbrennen, darf sein Magen nicht zu lange »leer« laufen, d. h. der Hund darf nicht fasten, die Abstände zwischen den Mahlzeiten sollten kürzer sein.

HEILERDE

Feine Heilerde (Apotheke) bindet mit ihrer großen Oberfläche die überschüssige Magensäure. Streue etwa einen halben bis ganzen Teelöffel über das Futter.

SCHÜSSLER-SALZE

Sie liefern dem Körper Mineralien. Bei Erbrechen helfen die Salze Nr. 10 D6 oder Nr. 9 D6. Gib deinem Hund alle 15 Minuten eine in Wasser aufgelöste Tablette.

LEINSAMENSCHLEIM FÜR DEN MAGEN

Bei einer Magenverstimmung kann Leinsamenschleim schnell Abhilfe schaffen, ohne dabei das Verdauungssystem zu schädigen wie die handelsüblichen Magensäureblocker. Den fertigen Schleim kannst du ein paar Tage in einem Marmeladenglas im Kühlschrank aufbewahren. Biete ihn deinem Hund vor oder besser statt einer Mahlzeit an.

Leinsamenschleim hilft bei Erbrechen.

Bei »richtigem« Erbrechen solltest du deinem Hund 24 Stunden nichts füttern. Sobald die Beschwerden zurückgehen, biete ihm den vorgekochten Leinsamenschleim an. Mische ggf. das normale Futter nach und nach darunter. Reiche viele kleine Mahlzeiten mit hochwertigem Eiweiß, verzichte dabei auf Getreide- und Milchprodukte.

Tipp: Hat dein Hund Verstopfung, kannst du die aufgequollenen Samen gern mit verfüttern. Reiche aber bitte nicht mehr als 1 Teelöffel pro Futterportion.

Wichtig: Dieser Tipp ersetzt im Zweifelsfall keinen Besuch beim Tierarzt! Bei anhaltenden Beschwerden, blutigem Stuhl oder Erbrechen suche bitte dringend mit deinem Hund einen Tierarzt auf.

MATERIAL

- 1 Espressotasse geschroteter Leinsamen
- 3–4 Espressotassen Wasser
- Kochtopf

1. Koche den Leinsamen mit Wasser kurz auf. Dann nimm den Topf vom Herd und lass das Ganze abkühlen.

2. Den Leinsamenschleim, der sich nun gebildet hat, gießt du durch ein feines Sieb.

3. In einem Marmeladenglas im Kühlschrank ist der Leinsamenschleim ein paar Tage haltbar.

ERLEICHTERUNG BEIM ZAHNWECHSEL

Während des Zahnwechsels entwickeln viele Hundekinder ein extremes Kaubedürfnis. Dank ihrer kühlenden Wirkung können gefrorene Gurken bei Schmerzen durch das Zahnen schnell Linderung verschaffen.

MATERIAL

• 1 Salatgurke

• Gemüseschäler

• Messer

• Gefrierbeutel oder Ähnliches

1. Wasche und schäle die Gurke. Dann schneide sie mit dem Messer in ca. 1 cm dicke Streifen.

2. Stecke die Gurkenstreifen in einen Gefrierbeutel und friere sie für mindestens eine Stunde ein.

3. Lass deinen Welpen zur Linderung seiner Schmerzen täglich auf ein bis zwei gefrorenen Gurkenstreifen herumkauen.

GRÜNZEUG GEGEN MUNDGERUCH

Riecht dein Hund streng aus dem Maul, kannst du zusätzlich zu Maßnahmen wie Zahnbelag und Zahnstein entfernen lassen Petersilie füttern. Das Chlorophyll hemmt die Geruchsbildung, die ätherischen Öle sorgen für frischen Atem.

MATERIAL
- frische Petersilie (alternativ tiefgekühlte Petersilie)
- Wiegemesser oder scharfes Messer

Zerkleinere etwas frische Petersilie und mische sie täglich unter das Futter. Tiefgekühlte Petersilie zuvor etwas antauen lassen. Je nach Vorliebe deines Hundes kannst du die Petersilie auch pur füttern oder mit etwas Wasser im Napf mischen.

LIFEHACKS
BEAUTY
DOGS

Dein Hund stinkt zum Himmel, deine Wohnung ist ein Hundehaar-Paradies und dein Boden übersät mit Pfotenabdrücken? Dagegen gibt es einfache Kniffe, die wir dir, neben vielen weiteren, in diesem Kapitel vorstellen.

FELLPFLEGE LEICHT GEMACHT

Viele Hunde haben ein dickes Unterfell und quälen sich oft durch den Fellwechsel. Mit den richtigen Pflege-Utensilien klappt das Entwollen. Um loses Deckhaar zu entfernen, reicht ein einfacher Badeartikel: Bimsstein.

... DURCH ENTWOLLEN

MATERIAL
- Universalbürste
- Schäferhundharke
- Coatking

1. Viele Hunde müssen erst lernen, still zu stehen. Zeige deinem Hund vor dem Einsatz die Bürsten und lass ihn schnuppern. Belohne ihn während des Bürstens immer wieder und rede ihm gut zu.

2. Entwolle deinen Hund draußen. So kannst du dein Haus oder deine Wohnung von Hundehaaren frei halten und sorgst gleichzeitig für ausreichend Nistmaterial für Wildvögel.

3. Bürste deinen Hund zunächst mit einer Universalbürste, anschließend mit der Schäferhundharke und zuletzt mit dem Coatking. Lass die Bürsten ihre Arbeit verrichten und übe nicht zu viel Druck aus. Bürste deinen Hund im Durchschnitt einmal wöchentlich während des Fellwechsels, bei Bedarf öfter.

... MIT BIMSSTEIN

MATERIAL

• Bimsstein, am besten mit rechteckiger Form, denn runde Bimssteine bieten zu wenig Auflagefläche, um wirksam zu sein

Um lose Deckhaare zu entfernen, setzt du den Bimsstein mit der Kante auf dem Fell auf und ziehst ihn mit dem Strich und mit leichtem Druck darüber. Auf diese Weise gehst du mit festen Strichen über das ganze Fell. Das Deckhaar zieht der Bimsstein einfach heraus. An Stellen mit vielen losen Haaren kannst du mehrmals »bimsen«. Keine Sorge: Du kannst nicht »zu viel« entfernen, denn der Bimsstein trimmt nur die toten Deckhaare.

Tipp: Viele Hunde genießen die Anwendung des Bimssteins auf dem Fell sogar deutlich mehr als das Bürsten, da sie froh sind, die abgestorbenen Deckhaare, die nicht von selbst ausfallen und deshalb unangenehm jucken können, loszuwerden.

HUNDEHAARE LOSWERDEN

Als Hundebesitzer kämpfst du ständig damit, dass überall Haare herumfliegen! Mit diesen beiden Hacks wirst du sie wirklich schnell los, ohne ständig staubsaugen oder Kleberollen verbrauchen zu müssen.

... AUF MÖBELN

MATERIAL
• Gummihandschuh

Nimm einfach einen klassischen Gummihandschuh, den du normalerweise zum Putzen verwendest, und zieh ihn über deine Hand. Dann streichst du mit der Hand kräftig über das Hundekörbchen oder die Couch. Dabei lösen sich die Haare wunderbar ab. Die Haare kannst du nun entweder direkt entsorgen oder mit einem Staubsauger wegsaugen. Fertig: Haare weg!

... AUF DER KLEIDUNG

MATERIAL
• Paketklebeband

Hundehaare auf Baumwolle und unempfindlichen Stoffen kannst du einfach mit Paketklebeband entfernen. Schneide einen handflächengroßen Streifen ab und tupfe mit der Klebeseite Stück für Stück über den Stoff: Alle Haare und Fussel kleben fest, und in kürzester Zeit bist du alle Haare los. Bitte nicht anwenden bei feiner Wolle!

EXPERTEN-TIPP

NYLONSTRUMPFHOSEN ALS HAARFÄNGER IN DER WASCHMASCHINE

Wer kennt es nicht? Hunde- und Katzenhaare sitzen in der Kleidung fest und sind selbst nach der Wäsche noch sichtbar. Abhilfe schafft eine alte Nylonstrumpfhose. Gib diese mit in den Waschgang und bei Bedarf auch in den Trockner. Danach befinden sich viele Haare in der Strumpfhose und nicht mehr in der Kleidung.

PFLEGEN
MIT KOKOSÖL

Kokosöl, am besten in Bio-Qualität, ist das Wundermittel für den Hund.
Es kann sowohl dem Futter beigemischt als auch äußerlich angewendet
werden zur Fell- und Pfotenpflege oder gegen lästige Parasiten.

Die in Kokosöl enthaltene Laurinsäure vertreibt Zecken
und andere Parasiten. Um das Kokosöl gleichmäßig auf
dem Fell aufzutragen, hilft folgender Trick: Erwärme
eine kleine Menge Kokosöl vorsichtig auf kleinster Stufe
in der Mikrowelle, bis es flüssig ist, fülle das Öl in eine
Sprühflasche und besprühe den Hund damit. Besonders
gut geeignet ist das für schwer erreichbare Stellen wie
zum Beispiel am Bauch.

PFOTENPFLEGE

Massiere etwas Kokosöl in die Pfotenunterseite ein. Es hilft bei rissigen Pfoten und kleineren Wunden, da es antibakteriell wirkt. Zugleich pflegt es die Ballenhaut.

GEGEN UNGEZIEFER

Verreibe eine kleine Menge Kokosöl zwischen den Händen und trage es gleichmäßig vor jedem Gassigang im Fell auf. Achte dabei vor allem auf den Bauch.

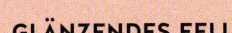

GLÄNZENDES FELL

Täglich eine kleine Menge Kokosöl (1 TL) ins Futter oder direkt auf das Fell gegeben, sorgt für einen schönen Glanz.

HUNDESHAMPOO SELBST GEMACHT

Viele Hundeshampoos enthalten chemische Zusätze, die der Haut und dem Fell schaden können. Hundeshampoo kannst du auch selbst herstellen. Wasche deinen Hund aber nur so oft wie nötig und so selten wie möglich damit.

... GEGEN PARASITEN

MATERIAL
- Kamillenblüten
- 100 ml Babyshampoo
- Mandelöl
- Niemöl
- Drückflasche

1. Überbrühe zwei bis drei Handvoll getrocknete Kamillenblüten mit 0,5 l kochendem Wasser und lass die Blüten in einem geschlossenen Gefäß für 30 Minuten ziehen.

2. Schöpfe dann die Blüten ab und lass die Flüssigkeit abkühlen.

3. Anschließend gibst du das Babyshampoo sowie vier bis fünf Tropfen Mandelöl und vier bis fünf Tropfen Niemöl zum Kamillentee.

4. Verrühre die Mischung und fülle sie in die Flasche.

Tipp: Niemöl hat eine für Insekten giftige Wirkung und wird daher zur Schädlingsbekämpfung eingesetzt.

... FÜR SCHÖNES FELL

MATERIAL
- 3–4 Esslöffel Seifenraspel
- 4 Tassen Wasser
- 1 Tasse Apfelessig
- Drückflasche

1. Erhitze das Wasser und löse die Seifenraspel im heißen Wasser auf.

2. Anschließend gibst du den Essig dazu.

3. Lass das Shampoo abkühlen und fülle es dann in die Flasche.

4. Vor Gebrauch gut schütteln.

Tipp: Essig verleiht dem Fell einen tollen Glanz und wirkt gleichzeitig wie ein Deodorant. Statt des Apfelessigs kannst du auch weißen Essig verwenden.

SAUBERKEIT FÜR UNTERWEGS

Hunde lieben das Abenteuer, und ein Gassigang kann schon einmal für dreckige Pfoten sorgen. Feuchttücher sind perfekt für die Hygiene unterwegs und für zu Hause, sie können auf unterschiedliche Arten verwendet werden.

MATERIAL

- Feuchttücher für Babys (ohne Alkohol)

- Ohrenpflege: Mit den Feuchttüchern kannst du die Ohren deines Hundes stets sauber halten.
- Vor der Haustür: Wische nach dem Gassigang die matschigen Pfoten mit Feuchttüchern ab, schon bleibt die Wohnung sauber.
- Unterwegs: Dreck im Fell oder an der Schnauze kannst du mit einem Feuchttuch schnell entfernen.

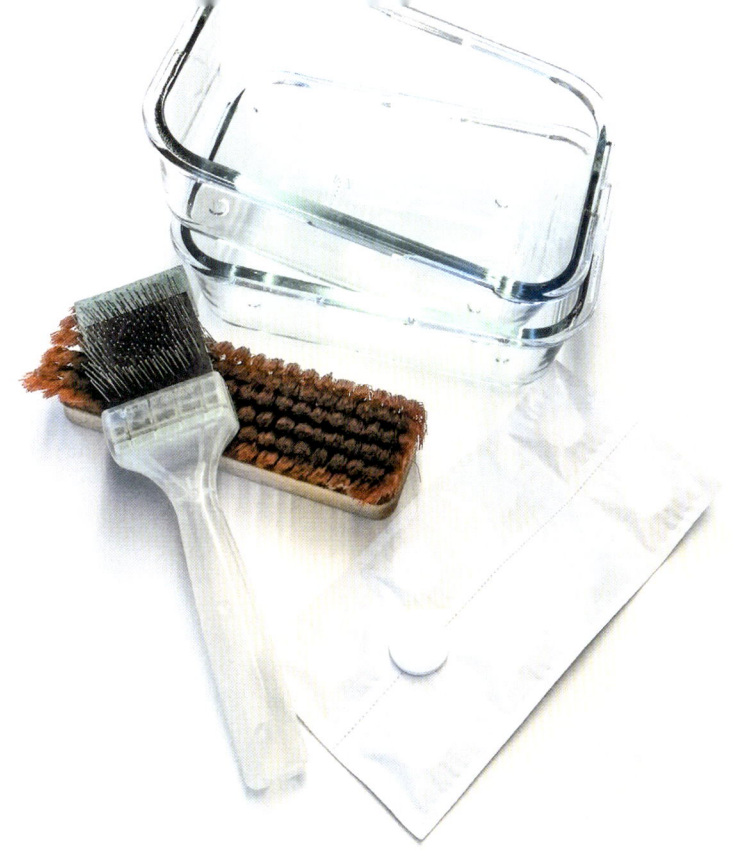

HUNDEBÜRSTEN EINFACH SÄUBERN

Talg, Hautschuppen, Staub u.v.m. sammeln sich in jeder Hundebürste. Mit der Zeit wird sie nicht nur unansehnlich, sondern auch zu einem Nährboden für Bakterien & Co. So säuberst du jede Bürste schnell und einfach.

MATERIAL

- zu reinigende Hundebürste(n)
- Kamm
- je Bürste eine flache Schale
- je Bürste 1–2 Zahnprothesen-Reinigungstabs

1. Haare, die in der Bürste feststecken, löst du zuerst mit einem Kamm und entfernst sie.
2. Dann füllst du je Bürste eine Schale mit lauwarmem Wasser, legst in jede Schale die Reinigungstabs und platzierst die Bürsten mit den Borsten nach unten für ca. 10–15 Minuten über den sprudelnden Tabs.
3. Die Bürste unter fließendem Wasser abspülen und in der Sonne oder auf der Heizung trocknen lassen.

GEPFLEGTE HUNDEKRALLEN

Krallenpflege darfst du nicht vernachlässigen. Wenn ein Hund gerade steht, sollte zwischen Boden und Kralle ein Centstück passen. Es gibt verschiedene Geräte für die Krallenpflege.

Beim Kürzen der Krallen mit einem Nagelschneider musst du vorsichtig vorgehen. Schneide die Kralle nie gerade ab, sondern stets schräg im Verlauf der Kralle, so bleibt das Risiko, den Nerv zu verletzen, möglichst gering. Der rosa Bereich einer Kralle ist lebendiges Gewebe mit Blutgefäßen und Nerven. Wenn du hinschneidest, blutet es und schmerzt den Hund. Lass dir das Kürzen von dunklen Krallen vom Tierarzt zeigen.

KRALLENSCHEREN

Bei handelsüblichen Krallenscheren schiebst du die Kralle in die Öffnung und schneidest sie wie mit einer Schere ab.

ELEKTRISCHER KRALLENSCHLEIFER

Er bietet zahlreiche Vorteile, lässt sich aber auch durch einen normalen Dremel ersetzen. Achte unbedingt auf das umliegende Fell.

NAGELFEILE

Hat dein Hund Angst vor Krallenscheren oder vor dem Geräusch des Schleifers, dann kürze die Krallen mit einer Nagelfeile. Weiterer Vorteil: Brüchige Krallen splittern nicht.

DEN HUND ENTSTINKEN

Je ekliger der Duft, desto lieber wälzen sich unsere Hunde darin. Hier erfährst du einen wirksamen Tipp, wie du den Gestank loswirst und dein Hund wieder wohnungstauglich wird.

Ob toter Frosch oder Rehhaufen: Genüsslich wälzt sich dein Hund in allem, was stinkt, und parfümiert sich so. Warum er das tut, weiß man noch nicht genau. Viele Gerüche im Fell wirst du mit einem normalen Hunde-shampoo los. Doch bei manchem Gestank wie verwestem Fisch musst du schwerere Geschütze auffahren.

TOMATENSAFT HILFT!
Stelle deinen Hund in die Badewanne. Schütte den Tomatensaft über das Fell und massiere ihn ein. Danach spülst du das Fell aus und wäschst deinen Hund noch einmal mit Hundeshampoo. Schon duftet er wieder angenehm – jedenfalls bis zum nächsten Wälzen.

GUT ZU WISSEN!
Lass ruhig zu, dass sich dein Hund ab und zu in Stinkendem wälzt. Er ist glücklich über das Naturparfüm, und du weißt nun, wie du ihn wieder sauber bekommst.

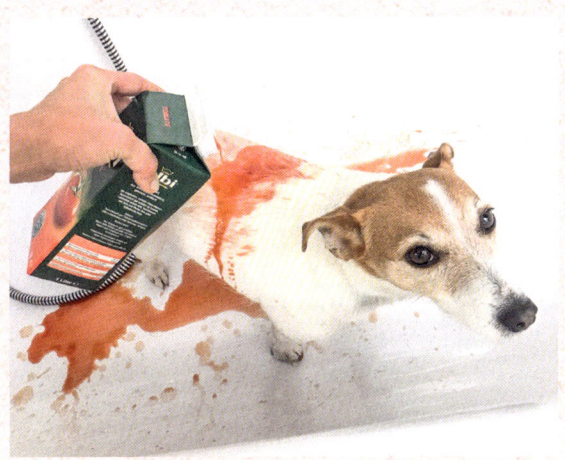

EXPERTEN-TIPP

SPEZIELLES HUNDESHAMPOO

Wenn du deinen Hund badest, solltest du immer richtiges Hundeshampoo benutzen! Nur dieses ist auf den pH-Wert von Haut und Fell eines Hundes abgestimmt. Er liegt zwischen 6,0 und 8,6 – im Gegensatz zu Shampoo für Menschen, das saurer ist. Dadurch kann dein Shampoo bei deinem Hund zu Allergien und Juckreiz führen, da der Säureschutzmantel von Fell und Haut zerstört wird.

Du kannst aber auch ein Shampoo für schönes Fell selbst machen. Wie das geht, liest du auf Seite 73.

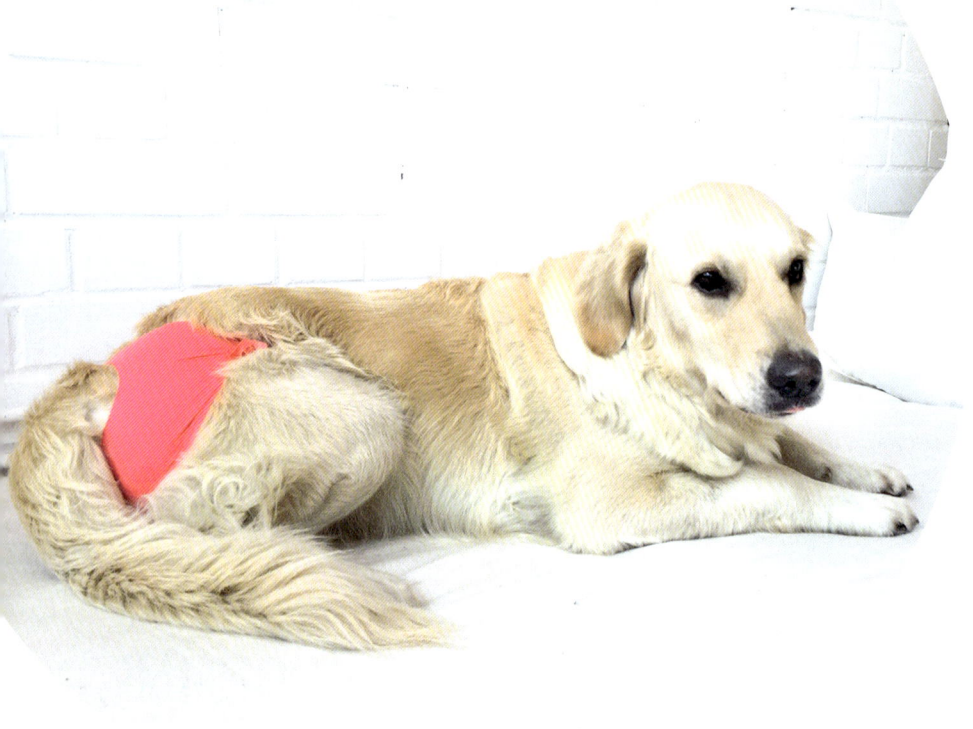

SLIPS FÜR LÄUFIGE HUNDEDAMEN

Was als Notlösung begann, wurde zu unserem süßesten Hundehack und hat Lilly und mir schon sehr viele verzückte »Oooh's« und »Aaah's« beschert. Selbst als »Rüdenschutz« taugen die Höschen.

MATERIAL
- Kinderhöschen
- Schere
- Bio-Damenbinden

Statt eines »professionellen« Läufigkeitshöschens, das es zu Lillys erster Läufigkeit auf Mykonos einfach nicht in ihrer Größe gab, habe ich bunte Kinderhöschen und parfümfreie Bio-Damenbinden gekauft. Das Ergebnis sieht nicht nur nett aus, sondern es ist auch superbequem für den Hund und pflegeleicht, weil du die Höschen einfach in die Waschmaschine geben kannst. Zudem sind die Höschen auch noch preisgünstig.

1. Kaufe Kinderhöschen in einer Größe, die deinem Hund passt. Hier einfach schätzen und im Zweifel lieber eine Nummer größer als kleiner kaufen.

2. Kaufe parfümfreie Bio-Damenbinden. Je weniger Chemie und Parfüm daran ist, umso besser und gesünder ist es für die Hundenase.

3. Schneide mit zwei Schnitten ein kleines Kreuz in die Mitte des oberen Drittels der Höschenrückseite, sodass die Rute locker durchpasst. Ist das der Fall, schneide das Loch sauber und kreisförmig aus.

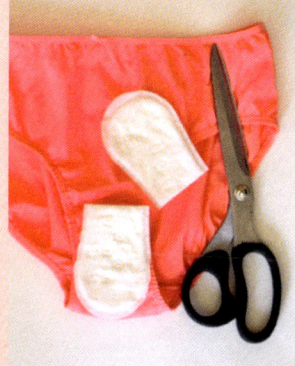

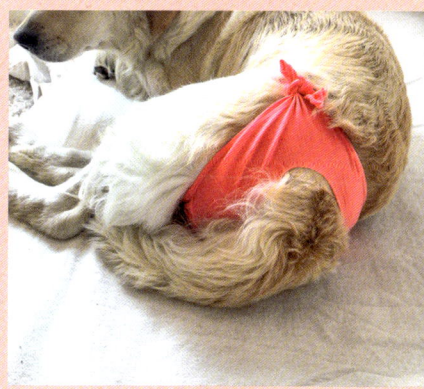

4. Schneide die Damenbinde in 2 oder 3 Teile und klebe einen Teil in das Höschen.

5. Anprobieren. Sitzt es etwas zu locker, schneide die Seitenteile auf und verknote sie.

LÄUFIGKEITSHÖSCHEN UND RÜDENBINDE

Neben kleinen Höschen können auch alte Leggins oder Schlafanzughosen zu Hundeslips umgebaut werden. Sie eignen sich sowohl für läufige Hündinnen als auch für ältere Rüden, die ab und zu etwas Urin verlieren.

MATERIAL
- Leggins
- Schere
- Einlagen (Papiertaschentücher, Küchenpapier oder Bio-Damenbinden für größere Hunde)

Die Rüdenbinde muss so breit sein, dass die Penisspitze nach hinten und vorn ausreichend abgedeckt ist. Nimm den Stoff doppelt und falte ihn einmal nach innen. Die Rüdenbinde sollte gut anliegen, darf aber nicht zu eng sein, die Körperfunktionen nicht einschränken sowie Blutgefäße und Nerven nicht abdrücken.
Tipp: Egal, ob Hündin oder Rüde, du musst stets kontrollieren, ob das Material durchgenässt ist.

1. Miss deine Hündin im Liegen von der Schwanzspitze bis zu den Vorderpfoten. Zeichne auf das Hosenbein ein Rechteck in dieser Länge. Die Bänder müssen so lang sein, dass du leicht eine Schleife binden kannst.

2. Das zweilagige Hosenbein wie aufgemalt zuschneiden, das mit der Schere markierte Band abschneiden. Bei großen Hunden die Bänder aus den Stoffresten zuschneiden und an das Rechteck nähen. Zwei Löcher für die Hinterbeine schneiden.

3. Den Stoff vom Schwanz aus über den Hund ziehen, die Beine durch die Löcher stecken (diese dürfen nicht einschneiden) und die unteren Bänder um den Schwanz zur Schleife binden (nicht zu eng!). Die Einlage hineinlegen.

4. Die oberen Bänder leicht versetzt neben der Wirbelsäule zur Schleife binden – nicht zu eng, zwei Finger sollen bequem zwischen Hund und Schleife passen. Dein Hund darf die Einlage nicht fressen!

LIFEHACKS
SPIEL &
SPASS

Du möchtest mit deinem Hund spielen und ihm
die Welt zeigen? Dafür braucht es keine große
Vorbereitung oder teures Zubehör. Wir geben dir
auf den nächsten Seiten einfache Anleitungen,
wie ihr gemeinsam Spaß haben könnt.

HUNDE
IN SZENE SETZEN

Dein Hund ist der Schönste – und das soll auch jeder sehen. Gemeinsame Fotos oder ein (Hunde-)Porträt können sowohl draußen als auch drinnen ganz leicht gelingen. Wichtig: ein interessierter Hund und ein schöner Hintergrund.

... AUF EINEM SELFIE

MATERIAL

- kleiner Ball, alternativ weiches Leckerli
- Schaschlik-Spieß (Holz)
- Schere

1. Schneide mit der Schere ein kleines Loch in den Ball, sodass der Schaschlik-Spieß hineinpasst.
2. Wenn dein Hund an Bällen keine Freude hat, sondern eher auf Fressbares reagiert, dann spieße ein Leckerli auf den Schaschlik-Spieß auf.
3. Dann suche einen schönen Ort für das Foto. Halte den Schaschlik-Spieß mit dem Ball oder dem Futterbrocken hinter das Handy. Wähle die Selbstauslöse-Funktion deines Handys und mache ein paar Fotos. Lächeln nicht vergessen!

... ALS MODEL

MATERIAL

- weiße oder farbige Decke (am besten ohne Muster)
- Couch oder Regal
- Kamera

1. Lege die Decke auf die Couch oder über das Regal und bringe deinen Hund darauf bzw. davor in eine schöne Pose. Achte dabei auf gutes Licht, fotografiere deshalb am besten in der Nähe eines Fensters und an einem sonnigen Tag.

2. Schieße ein paar Fotos von deinem Hund (am besten ohne Blitz) und belohne ihn dann mit Leckerlis.

3. Nach Wunsch kannst du das Foto dann mit einer Bildbearbeitungs-App verschönern.

GASSIBRETT AUS FUNDSTÜCKEN

Dein Hund hat schon so manches Stöckchen nach Hause geschleppt?
Dann bastle aus den hölzernen Andenken doch ein Gassibrett, an dem
du alles für eure gemeinsame Ausflüge aufhängen kannst.

MATERIAL
- gesammelte Stöckchen
- halbe Holzscheibe
- Flasche
- Bügelsäge
- Lochsäge
- Schrauben, -zieher
- Bilderrahmen

Das Gassibrett wirkt auf den ersten Blick einfach,
allerdings sind für die Erstellung verschiedene Sägen
notwendig. Trage beim Arbeiten mit diesen Geräten,
vor allem mit der Lochsäge, bitte zu deiner Sicherheit
Arbeitshandschuhe und eine Schutzbrille gegen herum-
fliegende Holzspäne. Spanne die Holzscheibe fest ein,
bevor du das Loch mit der Lochsäge bohrst.

1. Verschaffe dir einen Überblick über alle Stöckchen. Suche vor allem solche mit Astgabelungen, daran kannst du später die Leinen aufhängen. Ordne alles innerhalb des Rahmens probeweise an.

2. Säge die Stöcke auf die passende Länge und verschraube sie von unten mit dem Bilderrahmen.

3. Holzabfall von Forstarbeiten können wunderbare Tütenspender werden. Dazu zeichnest du den Flaschenhals auf eine Holzscheibe. Dann sägst du mit der Lochsäge das Loch aus der Holzplatte aus.

4. Zum Schluss schraubst du alles im Bilderrahmen fest. In das Loch steckst du kopfüber die Flasche ein.

HUNDELEINEN-GARDEROBE

Jeder Hundebesitzer kennt das Problem: Mit der Zeit sammeln sich immer mehr und mehr Leinen an, die dann irgendwo unordentlich herumliegen. Eine leicht umsetzbare Hundeleinen-Garderobe ist die Lösung.

MATERIAL

- Kleiderbügel mit Steg
- farbiges Klebeband (Muster je nach Wunsch)
- Schere

1. Beklebe den Kleiderbügel nach Wunsch mit dem farbigen Klebeband.

2. Nun kannst du die Hundeleinen über den Steg des Kleiderbügels wickeln.

HUNDEDECKE AUS ALTEN JEANS

Schnappe dir deine alten Jeans beim nächsten Ausmisten und nähe daraus eine Picknick-Decke mit eingebautem Schnüffelspiel für deinen Vierbeiner. Dazu musst du nur noch Leckerlis in den Taschen verstecken.

MATERIAL
- alte Jeans
- Schere
- Nähmaschine
- Nadel, Faden

1. Zerschneide deine Jeans in Vierecke, diese müssen nicht gleich groß sein. Aus den Vierecken legst du nun eine Decke zusammen. Mache das am besten auf dem Boden. Verwende dabei immer wieder Flicken mit Hosentaschen.

2. Nähe die Flicken wie angeordnet mit einem engen Zickzackstich aneinander, so entsteht eine stabile Naht. Zum Schluss nähst du einmal um die Decke.

BUNTES LEINEN-UPCYCLING

An einer alten Leine hängen meist viele Erinnerungen. Warum also eine solche Leine wegwerfen, nur weil sie mit der Zeit durch den Gebrauch unansehnlich geworden ist? »Aus Alt mach Neu« ist die Devise – dadurch sparst du nicht nur Geld, sondern du kannst dich auch kreativ betätigen und hast immer eine individuelle Hundleine.

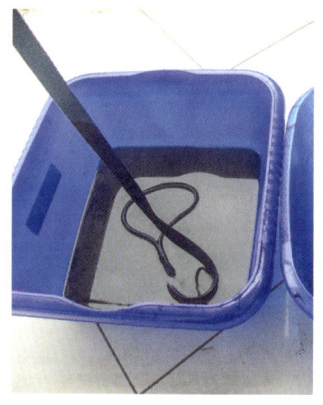

Tauche die Leine stück-chenweise ins Farbbad.

Um einer alten Leine neuen Glanz zu verpassen, kannst du sie mit Textilfarbe umfärben. Fülle je Farbe einen Behälter mit warmem Wasser und rühre die Farbe ein. Tauche die Leine stückchenweise in die Farbschale(n) und lass sie entsprechend der Gebrauchsanleitung lie-gen. Wasche danach die Leine gründlich in Wasser aus, damit kein Farbrest bleibt, denn dein Hund wird sicher hin und wieder darauf beißen.

OMBRÉ-VERLAUF

Ganz im Trend kannst du mit einer oder mehreren Far-ben einen schönen Ombré-Verlauf färben. Wähle Far-ben, die einen guten Verlauf ergeben, z. B. von Hellblau zu Schwarz oder von Gelb über Orange zu Rot.

MATERIAL
- Textilfarbe
- Schalen (pro Farbe eine)
- Wasser

1. Nimm am besten Farben, die etwas dunkler sind, als die Leine mal war.

2. Wähle eine Farbe, die auch zum Fell deines Hundes passt.

3. Bevor du die Leine in Gebrauch nimmst, sollte sie gründlich gewaschen und getrocknet sein.

HOLZ-HUNDEMARKE

Hundemarken müssen nicht nur praktisch, sondern sie dürfen auch schick sein! Diese Hundemarke aus Holz kannst du ganz einfach und individuell mit Namen und Telefonnummer verzieren.

MATERIAL

- Holzscheibe (ca. 3–4 cm Ø)
- Holzbohrer
- Biegering (ca. 1 cm Ø)
- Brandmalkolben

1. Bohre ein kleines Loch im Abstand von ca. 0,3–0,5 cm zum äußeren Rand in die Holzscheibe.

2. Schreibe auf die Holzscheibe deinen Namen und deine Telefonnummer mithilfe eines Brandmalkolbens (ein wasserfester Stift geht genauso).

3. Befestige die Holz-Hundemarke mithilfe eines Biegerings am Hundegeschirr oder Halsband.

KLAPPERFREIE HUNDEMARKEN

Klappernde Hundemarken gehören der Vergangenheit an! Mithilfe von etwas Klebeband und einem Karabiner samt Schlüsselring kannst du Marken klapperfrei befestigen und ganz easy wechseln.

MATERIAL
- Hundemarken
- doppelseitiges Klebeband
- Schere
- Karabiner mit Schlüssel-
  ring

1. Befestige die Marken auf dem Schlüsselring des Karabiners.
2. Befestige ein kleines Stück Klebeband auf einer der Marken und klebe damit beide Marken so aneinander, dass man den Aufdruck noch lesen kann.
3. Danach kannst du den Karabiner am Halsband oder Geschirr einhängen.

ZUGSTOPP-HALSBAND

Warum sollte dein Vierbeiner täglich mit dem gleichen Halsband vor die
Tür gehen? Ein individuelles Halsband zu nähen ist gar nicht schwer –
und immer ein Unikat. Damit es passt, musst du richtig abmessen.

MATERIAL

- Gurtband aus Kunst-
  stoff, 25 mm breit
- 2 D-Ringe, 25 mm
- 1 Schieberegler, 25 mm
- Stoff für den Bezug
- Feuerzeug
- Stecknadeln oder Klipse

So geht's: Miss den Halsumfang eng am Hundehals.
Dann misst du den Kopfumfang deines Hundes.
Schneide nun wie folgt den Stoff und das Gurtband zu:
- Stoff: Länge: Halsumfang plus 3 cm, Breite: 6 cm
- Gurtband 1: Halsumfang plus 6 cm
- Gurtband 2: Kopfumfang minus Halsumfang plus 6 cm
Versiegle die abgeschnittenen Enden des Gurtbands
vorsichtig mit dem Feuerzeug.

1. Schneide nach den links stehenden Angaben den Stoff und das Gurtband zu. Falte dann den Stoff der Länge nach rechts auf rechts und schließe die lange Seite mit 0,5 cm Nahtzugabe.

2. Wende den Bezug und ziehe das lange Gurtband entweder mithilfe eines dünnen Bands oder mit einer Sicherheitsnadel durch den Bezug. Es soll an beiden Enden je 3 cm überstehen. Nähe den Bezug rundherum fest.

3. Fädle auf das eine Ende den D-Ring und auf das andere den Schieberegler. Falte die überstehenden Enden des Gurtbands nach innen und nähe sie gut mit einem engen Zickzackstich fest.

4. Fädle das kurze Stück Gurtband durch den freien Schlitz des Schiebereglers und nähe es mit 3 cm Umschlag fest. Ziehe das Band durch den D-Ring und nähe den zweiten D-Ring am offenen Ende fest.

BESCHÄFTIGUNGSIDEEN FÜR UNTERWEGS

Dein Hund findet dich auf den gemeinsamen Spaziergängen eher langweilig? In diesen Hacks erfährst du, wie du das ändern kannst und wie du durch die Spiele die Bindung deines Hundes förderst.

Ganz simpel, aber dafür umso effektiver: Hebe einen Teil der Futter-Tagesration für eure gemeinsamen Spaziergänge auf und erhöhe dadurch das Interesse deines Hundes an dir. Wende die drei nebenstehenden Hacks während des Spaziergangs immer wieder in unregelmäßigen Abständen an – und du wirst sehen, dass dein Hund dich viel interessanter finden wird!

LECKERLIBAUM

Verstecke das Futter in der Rinde
eines Baums oder auf niedrigen
Ästen. Mach es deinem Hund am
Anfang nicht zu schwer, steigere
den Schwierigkeitsgrad mit der Zeit.

LECKERLI FLIEG

Wirf das Futter ins hohe
Gras oder den Weg entlang
und lass deinen Hund
danach suchen. Alternativ
kann er die Leckerlis aus
der Luft fangen.

SUCHSPIELE

Verstecke das Leckerli im Gras, unter
Blättern, in Löchern oder auf einer Park-
bank. Anfangs darf dein Hund beim Verstecken zuschauen, später nicht mehr.

TENNISBALL ALS FUTTERDUMMY

Ballspiele mag fast jeder Hund! Nutze dies, um mit einem präparierten Tennisball das Bringen zu trainieren, den Rückruf zu festigen und im Zergel-Spiel die Bindung zu stärken. Am Ende lockt die Belohnung aus dem Dummy.

FUTTERDUMMY – BRINGEN LEICHT GEMACHT

Nimm einen Tennisball und schneide mit einem Teppichmesser entlang der weißen Naht einen der Halbkreise weit auf. Befülle den Ball mit Leckerlis und verschließe ihn, indem du die Zunge in den Ball drückst. Stecke ihn in eine lange Socke. Dann wirfst du den Ball, und dein Hund muss ihn bringen. Als Belohnung dafür fütterst du ihn aus dem Ball. Um den Ball zu öffnen, drückst du einfach seitlich darauf, so springt die Zunge heraus.

ZERGELN – SPIELEN BINDET

Schneide das Bein einer alten Strumpfhose ab und schiebe einen Tennisball bis zur Mitte. Dort fixierst du ihn mit je einem Knoten davor und dahinter. Nun zerschneidest du die Strumpfhose bis zu den Knoten in drei Streifen und flechtest die Enden zusammen.

TENNISBALL ALS ZAHNTÖTER?

Tennisbälle haben den Ruf, die Zähne der Hunde zu schädigen. Ihre Wolle und kleine Dreckpartikel wirken wie Schmirgelpapier und können die Zähne allein beim Tragen schon abreiben. Das Verschlucken der Wolle kann zu Reizungen im Magen-Darm-Trakt führen. Deshalb solltest du deinen Hund nicht unbeaufsichtigt mit einem Tennisball spielen lassen.

Das schützt die Zähne: Stecke den Tennisball in eine lange alte Socke. Durch die Sockenlänge ist der Tennisball vor deinem Hund geschützt, bis du ihm das Leckerchen aushändigen kannst.

ALTES SHIRT ALS DRECKSCHUTZ

Auch bei nassem Schmuddelwetter kann ein Spaziergang richtig guttun. Und dank Gummistiefeln und Regenmantel kann sogar Regenwetter richtig Spaß machen. Fühlst du dich auch jedes Mal wie ein kleines Kind, wenn du mit Gummistiefeln an einer Pfütze vorbeiläufst und nicht widerstehen kannst und reinhüpfst? Hach, herrlich!

Das T-Shirt hält vor allem am Bauch viel Dreck ab.

Auch in meiner Golden-Retriever-Hündin Lilly wird der kleine Welpe geweckt, sobald Pfützen in der Nähe sind. Was nur leider gar keinen Spaß macht, weder Lilly noch mir, ist die unausweichliche Dusche nach dem Spaziergang. Vor allem am Bauch sammelt sich schnell hartnäckiger Schmutz, der sich nur mühsam wieder abwaschen lässt. Für den kurzen Spaziergang bei feuchtem Wetter haben wir uns darum etwas ausgedacht.

DIE SCHNELLE LÖSUNG: EIN T-SHIRT

Je dicker der Stoff ist, desto weniger Dreck geht durch. Poloshirts eignen sich hervorragend. Allen Schmutz hält natürlich auch ein T-Shirt nicht ab, aber seit wir das so machen, muss ich nach dem Spaziergang im Regen nur noch Lillys Beine und Pfoten säubern, nachdem ich ihr das Shirt ausgezogen habe.

MATERIAL

- altes T-Shirt, je nach
  Hundegröße von Frauchen,
  Herrchen oder in Kinder-
  größe

1. Der Halsumfang des Shirts muss groß
genug sein, damit es locker über den Hun-
dekopf geht.

2. Ziehe das Shirt deinem Hund über den
Kopf und stecke seine Vorderbeine durch
die Ärmel.

3. Je nach Größe und Umfang des T-Shirts
hilft ein Knoten am Rücken, damit es
gut sitzt und nicht am Boden schleift.

WENDEHALSTUCH

Halstücher sind an jedem Hund ein zuckersüßer Hingucker. Und obendrein ganz einfach selbst zu machen. Damit ist dein Vierbeiner, ob groß oder klein, für jeden Anlass schön herausgeputzt.

MATERIAL
- 2 verschiedene Stoffe
- Maßband
- Stoffschere
- Druckknopf-Set
- Schneiderkreide
- Stecknadeln oder Wonderclips

Miss den Halsumfang deines Hundes und addiere 20 cm dazu, um die Halstuchbreite zu ermitteln. Markiere auf dem Stoff den Anfangs-, Mittel- und Endpunkt der Breite. Miss vom Mittelpunkt 22 cm senkrecht nach unten und setze eine Markierung für die Spitze.

Hinweis: Die Anleitung bezieht sich auf einen mittelgroßen Hund. Bei kleinen Hunden misst du vom Mittelpunkt nur 17 cm, bei großen Hunden 30 cm nach unten.

1. Verbinde die Spitze, den Anfangs- und den Endpunkt, schneide das entstandene Dreieck aus und wiederhole das Ganze für die Rückseite.

2. Lege beide Teile rechts auf rechts, stecke alles fest und nähe die Teile mit 1 cm Nahtzugabe zusammen. Wichtig: Lass eine ca. 5 cm große Öffnung zum Wenden.

3. Klappe nach dem Wenden die Kanten der Wendeöffnung so nach innen, dass die Öffnung vom genähten Teil des Halstuches nicht mehr zu unterscheiden ist, und stecke sie ab.

4. Steppe das Halstuch knapp entlang des Rands rundherum ab, um die Wendeöffnung zu schließen. Befestige die Druckknöpfe. Für ein größenverstellbares Halstuch setze mehrere Druckknöpfe hintereinander.

FLOTTER HUNDELOOP

Ist dein Hund auch so eine Frostbeule und friert schon bei jedem kleinsten Windhauch? Gerade für den Übergang ist der Loop die passende Alternative, um nicht gleich den Wintermantel rausholen zu müssen.

MATERIAL

- 2 verschiedene Jerseystoffe für innen und außen
- farblich passendes Garn
- Schere
- Stecknadeln
- Maßband
- Nähmaschine

Für einen Hundeloop kannst du unterschiedliche Stoffe verwenden. Für die Übergangzeit habe ich mich für Jersey entschieden, da er angenehm leicht um den Hals liegt. Wenn es kälter wird, eignet sich als Innenstoff auch Fleece oder Plüsch. Miss den Halsumfang des Hundes. Gib noch ca. 4 cm (je nach Felldichte) und nochmals 2 cm Nahtzugabe dazu, damit der Loop den Hals nicht beengt. Nun miss noch die Halslänge.

1. Schneide aus jedem der beiden Stoffe ein Rechteck in den zuvor bestimmten Maßen aus.

2. Lege beide Stoffstücke rechts auf rechts (schöne Seite nach innen) aufeinander. Fixiere sie mit Stecknadeln und nähe sie entlang der beiden langen Seiten mit 1 cm Nahtzugabe zusammen.

3. Greife nun durch den Schlauch und halte das eine Ende fest. Nun ziehst du dieses Ende nach innen komplett durch den Schlauch, bis alle offenen Kanten auf einer Höhe sind. Alle Nähte müssen aufeinanderliegen.

4. Stecke beide Lagen von Außen- und Innenstoff rechts auf rechts aufeinander. Markiere innen eine Öffnung und nähe die Lagen mit 1 cm Nahtzugabe zusammen.

5. Stülpe den Loop durch die Öffnung auf rechts und schließe diese.

HALSSCHUTZ AUF DIE SCHNELLE

Einen warmen Hundeloop kannst du auch ganz einfach aus einer alten Fleecejacke oder -hose machen. Soll ein Halstuch vor allem gut sichtbar sein (z. B. bei einem blinden Hund), dann eignet sich Filz gut als Material.

LOOP AUS FLEECE

MATERIAL
- Fleecejacke/-hose
- Schere
- Maßband

1. Miss die Halslänge deines Hundes aus.
2. Schneide vom Hosenbein oder Jackenärmel ein Stück Fleece ab, das etwa doppelt so lang ist wie der Hals deines Hundes. Wichtig ist, dass der schmalste Teil vom Fleecestoff so weit ist, dass der Stoff locker am Hals sitzt, wenn du den Loop über den Kopf deines Hundes ziehst.
3. Nun stülpe das schmalere Ende nach innen, sodass die angeschnittenen Kanten bündig aufeinanderliegen.
4. Ist der Loop etwas zu lang, krempel ihn einfach zurück oder schneide noch ein Stück ab.

<u>Wichtig:</u> Der Schal darf nicht zu eng anliegen und die Körperfunktionen deines Hundes nicht einschränken, um einen Hitzestau zu verhindern.

HALSTUCH AUS FILZ

MATERIAL
- Bastelfilz in gewünschten Farben
- Schere
- Maßband
- Druckknopf-Set

1. Miss den gewünschten Halsumfang deines Hundes aus. Soll das Tuch locker sitzen, gib zum Halsumfang noch 5 cm dazu.

2. Zeichne auf dem Filz ein Dreieck an, dessen längste Seite dem Halsumfang plus der Zugabe entspricht. Die beiden kürzeren Seiten sind gleich lang. Schneide das Dreieck aus.

3. In eine Ecke der langen Seite schlägst du nun den Druckknopf ein, in der gegenüberliegenden Ecke das Gegenstück dazu.

4. Aus andersfarbigem Filz kannst du, wenn du möchtest, Verzierungen ausschneiden und auf das Dreieck kleben.

BUNTER
FLEECE-QUOLLI

Mit diesem Quolli sorgst du für Riesenspaß, zudem ist er schnell und
einfach hergestellt. Ein tolles Spielzeug, das sich zum Apportieren, Zergeln
und Verstecken eignet – sowohl im Haus als auch draußen.

MATERIAL

- Fleecestoff
- Ball (je nach Größe des
  Hundes Golf- bis Tennis-
  ballgröße)
- Schere
- Maßband

Wähle drei verschiedene Fleecestoffe in kontrastreichen
Farben und schneide daraus je drei Quadrate in der Größe von ca. 50 x 50 cm aus. Außerdem brauchst du noch
einen 3 x 30 cm großen Streifen aus Fleece.
Fleece eignet sich besonders gut, weil er sich leicht
flechten lässt und reißfest ist, falls dein Hund mal hefti-
ger daran zieht.

1. Lege die drei Quadrate über-
einander und platziere den
Ball in der Mitte. Schneide die
Quadrate nun bis kurz vor dem
Ball wie eine Torte in 12 gleich
große Teile ein.

2. Schneide nun jeden Streifen
des oberen Stoffes mittig
ca. 8 cm weit ein, damit du
später die entstehenden Zöpfe
zuknoten kannst.

3. Binde nun die drei Stofflagen
um den Ball herum mit dem
Fleecestreifen fest und schneide die überstehenden Enden
ab. Breite den Kraken auseinander, sodass immer drei
Streifen aus unterschiedlichen
Farben übereinanderliegen.

4. Flechte nun aus je drei Streifen
einen Zopf. Fixiere die Zöpfe
mit den in Step 2 eingeschnit-
tenen Streifenenden. Schneide
die überstehenden Enden ab –
und schon ist dein Quolli oder
dein Zergelkrake fertig.

SPIELZEUG-KNOCHEN

Ein richtiger Hund braucht seinen Knochen! Dieser Spielzeugknochen ist ideal für das nächste Spiel mit Frauchen oder Herrchen – und zusätzlich einfach selbst zu nähen.

MATERIAL
- robuster Baumwollstoff
- Nähmaschine
- Stift
- Schere
- ca. 50 g Füllwatte
- Näh-, Stecknadeln

Verwende für den Knochen einen robusten Baumwollstoff (z. B. Canvas), denn er muss auch spitzen Hundezähnen gut standhalten.
Die Vorlage des Knochens findest du unter http://www.gu.de/haustier/65312. Und nun kann es auch schon losgehen!

1. Übertrage die Vorlage 2-mal auf die linke Seite deines Stoffs und schneide den Knochen mit einer Nahtzugabe von 1 cm aus.

2. Lege die Stoffknochen mit den rechten Seiten aufeinander und fixiere die Stofflagen mit Stecknadeln.

3. Nähe mit einem Geradstich entlang der Linie und lass auf einer Seite in der Mitte eine Öffnung von ca. 3–4 cm. Lass die Nadel an den Ecken im Stoff stecken, hebe den Nähfuß an, drehe den Stoff und nähe weiter.

4. Schneide die Ecken bis kurz vor der Naht ein und an den Rundungen kleine Zacken in den Stoff. Dadurch kannst du die Rundungen schöner ausformen.

5. Wende den Knochen auf rechts, fülle ihn mit Füllwatte, verschließe die Öffnung von Hand.

FUMMELSPIEL

Wenn du deinen Hund auch mal in der Wohnung beschäftigen möchtest und du einen begeisterten Schnüffler an deiner Seite hast, dann solltet ihr das Fummelspiel unbedingt zusammen ausprobieren.

MATERIAL

- Muffinform
- diverses Hundespielzeug
- Leckerlis

Lege in jede Vertiefung eines der Spielzeuge und verstecke darunter Leckerlis für deinen Hund. Nun lass ihn die unterschiedlichen Spielzeuge aus der Form holen und die Leckerlis fressen. Du kannst die Schwierigkeit für deinen Hund erhöhen, wenn du Spielzeug in die Muffinform legst, welches er nicht direkt mit der Schnauze greifen kann. Bei Bedarf halte die Muffinform fest. Achte darauf, dass dein Hund nicht an der Beschichtung der Muffinform knabbert.

PAPPROLLE
GEGEN LANGEWEILE

Die gefüllte Papprolle ist eine tolle Beschäftigung für deinen Hund. Achte aber darauf, dass du nur Papprollen ohne schädliche Substanzen wie zum Beispiel Duftstoffe verwendest und dass dein Hund die Rolle mit Papier nicht frisst.

MATERIAL
- leere Papprolle von Küchen- oder Toilettenpapier
- Leckerlis
- ein paar Blätter Küchen-papier

Fülle ein paar Leckerlis in die Papprolle. Den Rand der Rolle knickst du auf zwei Seiten nach innen ein, sodass kein Leckerchen von allein herausfallen kann. Dein Hund muss nun versuchen, an die Leckerlis in der Papprolle ranzukommen.
Um deinem Hund die Fummelei zu erschweren, kannst du die Futterbröckchen noch in Küchenpapier einwi-ckeln, bevor du sie in die Papprolle stopfst.

SUCHSPIELE FÜR ZU HAUSE

Wenn dein Hund krank ist oder es draußen regnet und stürmt, dann kannst du ihm auch in der Wohnung kleine Suchaufgaben zur Beschäftigung anbieten und ihn damit geistig auslasten.

... MIT KASTANIEN

MATERIAL
- Kastanien
- Glasschale, Karton oder Kiste
- Hundekekse

1. Fülle einen Behälter mit Kastanien, die du gesammelt hast, und verstecke darin einige Hundekekse. Alternativ kannst du natürlich auch Trockenfutter verwenden.

2. Anschließend darf sich dein Hund mit der Nase durch die Kastanienkiste wühlen und das Futter suchen. Je mehr Kastanien du in die Kiste füllst, desto schwieriger wird es für deinen Hund.

Wichtig: Lass deinen Hund beim Suchen nicht allein, nur so kannst du verhindern, dass er versehentlich Kastanien frisst. Außerdem solltest du die Kastanien trocken lagern, damit sie nicht schimmeln.

... MIT FLÄSCHCHEN

MATERIAL

- leere, kleine Flaschen, z. B. vom Trinkjoghurt
- Behälter wie Karton oder Kiste
- Hundekekse
- evtl. Küchenpapier

1. Stelle in einen Karton oder eine Kiste so dicht wie möglich leere und saubere Trinkjoghurtflaschen.

2. Zeige deinem Hund das Spiel, indem du auf einige Flaschen Hundekekse legst. Danach versteckst du die Kekse in den Flaschen – und dann ist das Schnüffelspiel schon fertig.

3. Nun muss dein Hund die gefüllten Flaschen suchen und anzeigen. Zur Belohnung holst du ihm die Hundekekse heraus.

Tipp: Du kannst den Schwierigkeitsgrad erhöhen, wenn du die Flaschenöffnungen nach dem Befüllen mit Küchenpapier verschließt.

MEHR SUCHSPIELE FÜR SUPERNASEN

Nasen- und Kopfarbeit ist eine tolle Möglichkeit, deinen Vierbeiner geistig auszulasten und seinem Schnüffelbedürfnis nachzukommen. Das Schöne: Du brauchst dafür nicht immer teure Intelligenzspielzeuge.

Zu Hause kannst du für diese Spiele viele Gegenstände aus deinem Haushalt verwenden, für draußen eignen sich Futter und eine besondere Versuchsanordnung. Hunde haben knapp 200 Millionen Riechzellen – eine Unmenge im Vergleich zu 5 Millionen, die wir haben. Kein Wunder also, dass Hunde gern mit der Nase arbeiten. Bedenke aber, dass 10 Minuten intensives Schnüffeln so anstrengend sind wie eine Stunde Gassi gehen.

SUCHFELD FÜR ZU HAUSE

Nutze unterschiedliche Gegenstände wie Pappe, Blumentöpfe und Kartons und verstecke darunter Futter. Immer wieder anders angeordnet, entstehen neue Suchfelder.

SUCHE IM DREIECK

Dein Hund sitzt, während du das Futter versteckst und dann von dort weggehst. Nun soll dein Hund erst zu dir kommen, bevor er das Futter suchen darf.

SUCHSPIEL MIT BECHERN

Verstecke ein Leckerchen unter einem der Becher. Wenn dein Hund den richtigen Becher anzeigt, bekommt er die Belohnung.

SCHNÜFFEL-
MEMORY

Beim Schnüffelmemory muss der Hund einen Musterduft aus verschiedenen Gerüchen herausfiltern und anzeigen. Dies ist eine tolle Möglichkeit,
den Hund im Haus und auch draußen artgerecht beschäftigen zu können.

MATERIAL
- mehrere Stoffbeutelchen
- Teebeutel oder andere Geruchsträger, wie Zimtstangen oder getrocknete
  Orangenschalen

Das Schnüffelmemory wird dem Hund langsam Schritt
für Schritt nähergebracht. Entscheide dich zuerst für
einen Musterduft. Gern wird ein Teebeutel genommen,
allerdings eignen sich auch Zimtstangen oder getrocknete Orangenschalen. Wenn du ein Schnüffelmemory
selbst basteln möchtest, kannst du hierzu den Geruchsträger einfach in ein Stofftaschentuch wickeln.

1. Setz dich vor deinen Hund und zeig ihm den Geruchsträger. Sobald er diesen mit der Nase berührt, belohne den Hund. Wenn er den Geruchsträger durch ein »Platz« anzeigen soll, kannst du das hier einbauen.

2. Im zweiten Schritt legst du den Geruchsträger in ein Geruchssäckchen aus dem Schnüffelmemory. Berührt der Hund den Geruchssack mit der Nase bzw. zeigt den Geruch an, bekommt er die Belohnung.

3. Nun legst du das Geruchssäckchen sichtbar auf den Boden. Sobald der Hund den Geruchsträger anzeigt, belohnst du ihn. Anschließend kannst du das Säckchen verstecken und zum Beispiel auf einen Stuhl legen.

4. Jetzt versteckst du auch die anderen Säckchen – zunächst leer. Der Hund muss »sein« Duftsäckchen anzeigen. Fortgeschrittene Variante: Fülle die anderen Säckchen mit weiteren Geruchsträgern.

KOFFER-
KÖRBCHEN

Aus einem alten Koffer, etwas Stoff und verschiedenen Deko-Gegenständen kannst du ein individuelles Körbchen für deine Fellschnauze nach deinen Wünschen gestalten.

MATERIAL
- Koffer
- Baumwollstoff
- Nähmaschine
- Schere
- Tacker
- Schrägband

Die Vorlage für die Dreiecke findest du unter http://www.gu.de/haustier/65312.

KOFFERDEKORATION

Nähe ein passendes Kissen für den Koffer (Seite 124) oder verwende ein fertiges Kissen mit passenden Maßen. Dekoriere das Kofferkörbchen z. B. mit Postkarten, einem Fell oder einem Spielzeugknochen (Seite 112).

1. Übertrage für jeden Wimpel das Dreieck 2-mal auf die linke Seite des Stoffs und schneide sie mit 1 cm Nahtzugabe aus. Die Anzahl der Wimpel ergibt sich aus der Kofferlänge.

2. Nähe von jedem Wimpel die beiden schrägen Kanten zusammen, die kurze Kante lässt du jeweils offen.

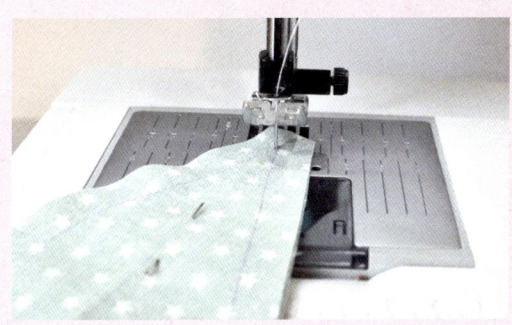

3. Wende die Wimpel. Lege sie an die Mitte des Schrägbandes an und klappe das Band um und stecke alles fest. Bügel dann über das Schrägband. Nähe das Band an der offenen Seite knappkantig zu.

4. Zum Abschluss tackerst du die Enden der Wimpelkette seitlich an den Kofferdeckel. Lege ein Kissen in den Koffer und verziere den Koffer noch mit verschiedenen Deko-Artikeln deiner Wahl.

KISSEN FÜRS KOFFERKÖRBCHEN

Unsere Hunde können nie genug Kissen & Körbchen haben, deshalb zeige ich dir, wie du ganz einfach ein dickes, bauschiges Kissen selbst nähen kannst. Es eignet sich übrigens perfekt für das Kofferkörbchen (Seite 122).

MATERIAL
- Baumwollstoff
- Füllwatte
- Nähmaschine
- Schere

Miss die Länge, Breite und Höhe des Hundekörbchens aus. Addiere die Höhe und die Breite (= Breite des benötigten Stoffstücks) bzw. die Höhe und die Länge (= Länge des benötigten Stoffstücks). Zeichne zwei Rechtecke mit den entsprechenden Maßen auf den Stoff und schneide sie mit 1 cm Nahtzugabe aus. Beispiel: Für ein 50 x 40 x 10 cm großes Kissen benötigst du Rechtecke mit je 60 x 50 cm Kantenlänge (ohne Nahtzugabe).

1. Lege die Stoffe mit den rechten Seiten aufeinander.

2. Nähe einmal rundherum und lass eine Wendeöffnung von 10 cm. Falte die Ecken auseinander, die Nähte liegen aufeinander. Miss 10 cm von der Spitze ab, markiere die Linie wie abgebildet und nähe dort entlang jeweils die Ecken ab.

3. Schneide alle Ecken bis kurz vor der Naht ab.

4. Wende das Kissen und fülle es mit Füllwatte. Verschließe die Wendeöffnung mit einem knappkantigen Geradstich mit der Nähmaschine oder von Hand.

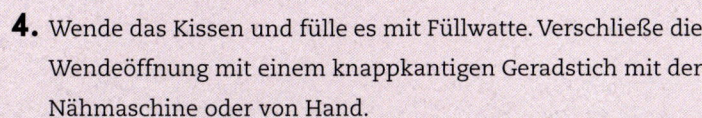

LIFEHACKS
HUNDE-AZUBI

Clickern ohne Clicker, eine Leine aus dem Baumarkt und Weichspüler für die Stubenreinheit. Klingt erst mal verrückt, ist aber echt clever. Diese und weitere Tipps erwarten dich auf den nächsten Seiten.

MIT PIPI-TAGEBUCH STUBENREIN

Im Alltagsstress kannst du als frischgebackene/r Welpenmama oder -papa schon mal vergessen, wann du das letzte Mal mit deinem Liebling draußen warst. Schnell passieren dann »Unfälle« in der Wohnung. Außerdem braucht dein Welpe länger, um stubenrein zu werden, weil diese Stelle nach seinem Urin riecht und ihn animiert, sich wieder dort zu erleichtern.

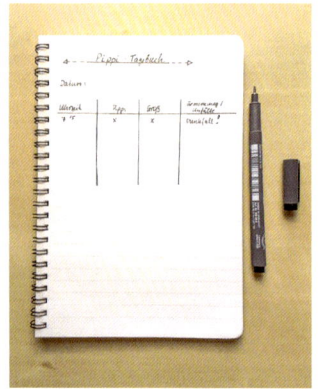

Dokumentiere jeden Gassigang in der Tabelle.

Doch das muss nicht sein! Anhand dieses Stubenreinheits-Helfers kannst du exakt nachlesen, wann dein Welpe das letzte Mal seine Geschäfte erledigt hat. Dank der Dokumentation der Toilettenzeiten deines Hundes kannst du schon nach kurzer Zeit besser vorhersagen, wann er das nächste Mal wieder rausmuss.

ROUTINEN KÖNNEN HELFEN

In der Anfangszeit sollte ein Welpe nach dem Schlafen, Spielen und Fressen nach draußen gebracht werden. Durch eine feste Routine ergibt sich bei den meisten Hundekindern dann schnell ein individueller Toiletten-Rhythmus. Der Stubenreinheits-Helfer erleichtert dir das problemlose Ermitteln dieses Rhythmus. Dadurch kannst du besser einschätzen, ob dein Welpe nur deine Aufmerksamkeit möchte oder ob er tatsächlich wieder rausmuss.

MATERIAL
- Notizbuch
- Stift
- Uhr

1. Zeichne in das Notizbuch eine Tabelle mit 4 Spalten. Erstelle pro Tag eine neue Tabelle.

2. In die ersten 3 Spalten trägst du die Uhrzeit und die Art des Geschäftes (Pipi und großes Geschäft) ein. Das solltest du nach jedem Gassigang tun.

3. Die 4. Spalte ist für Anmerkungen gedacht. Auffälligkeiten wie Durchfall, Würmer oder Blut im Stuhl kannst du farblich hervorheben.

STUBENREIN MIT WEICHSPÜLER

Manche Hundewelpen sind von Beginn an stubenrein, andere, wie meine Golden-Retriever-Hündin Lilly, brauchen etwas länger, um das Prinzip »Nur draußen pinkeln« zu verinnerlichen. Die gängigen Methoden waren nicht erfolgreich, darum bin ich kreativ geworden und habe ganz tief in die Trickkiste gegriffen.

Stubenrein mit Frauchens Duft auf dem Boden.

Der Trick mit dem Weichspüler kam mir, als ich merkte, dass Lilly nur dort in der Wohnung pinkelte, wo es nicht nach mir roch. Es schien mir, als würde sie sich solche Stellen gezielt suchen (Welpen pinkeln nicht ins Nest). Also habe ich einen kleinen Schuss meines Weichspülers in das Wischwasser gegeben und den Boden im ganzen Haus damit gewischt. Das funktionierte so gut, dass Lilly wenige Tage später stubenrein war.

TIPP: BIO-WEICHSPÜLER VERWENDEN

Verwende einen Bio-Weichspüler, denn dein Welpe läuft, schleckt und schnuppert dauernd am Boden und kommt sowohl mit dem Bodenreiniger als auch mit dem Weichspüler in Kontakt. Letzteren solltest du vorher bereits einige Zeit beim Waschen deiner Kleidung und Bettwäsche verwendet haben. Auch der Bodenreiniger sollte Bio-Qualität haben.

MATERIAL
- Bio-Weichspüler
- Eimer
- Wischmopp
- Bodenreiniger

1. Die Nase eines Welpen ist sehr empfindlich, darum reicht ½ Kappe Weichspüler auf 5 l Wischwasser schon aus.

2. Gib den Weichspüler in das Putzwasser und wische damit den Boden. Um zu testen, ob es funktioniert, kannst du auch erst mal nur einen Raum damit wischen. Du wirst dann schnell sehen, ob dein Welpe diesen Raum für sein Geschäft meidet.

131

CLICKERN
OHNE CLICKER

Der Standardclicker ist eine tolle Sache. Klein und handlich, der Ton immer gleich. Doch was ist, wenn der Hund das Geräusch zu laut findet oder wenn du mehrere Hunde hast und verschiedene Töne einsetzen möchtest?

MATERIAL
- Kugelschreiber
- Clicker-App
- alternativ alles, was sich leicht mitnehmen und mit einer Hand bedienen lässt und stets das gleiche Geräusch produziert

Gerade beim Training heikler Situationen ist beim Clickern ein immer gleiches Geräusch entscheidend. Eine recht praktische Alternative zu herkömmlichen Clickern sind Kugelschreiber: Kaufe gleich mehrere von einer Sorte, so hast du kostengünstig immer deinen »Clicker« bei der Hand. Außerdem gibt es mittlerweile Apps, die ein Clickgeräusch produzieren. Dies ist ebenfalls praktisch, denn auch dein Handy hast du immer dabei.

LEINENFÜHRIGKEIT ÜBEN

Damit dein Hund die Leinenführigkeit von Anfang an richtig lernt, ist es wichtig, dass er eindeutig zwischen Üben und nur Angeleint-Sein unterscheiden kann. Als Startsignal für die Übung ist das Anbringen der Leine am Halsband hilfreich.

MATERIAL
- normale Leine
- Geschirr & Halsband (oder: Geschirr mit Brust- und Rückenring)

1. Hänge die Leine am Rückenring des Geschirrs ein, wenn du gerade keine Zeit zum Üben der Leinenführigkeit hast.

2. Wenn du mit einer zu euch passenden Methode übst, hängst du die Leine am Brustring des Geschirrs oder am Halsband ein. Achte auf kurze Übungseinheiten und belohne den Hund, wenn es gut klappt. So hast du schnell einen Trainingserfolg.

SCHLEPPLEINE AUS DEM BAUMARKT

Gründe, deinen Hund vorübergehend an der Schleppleine zu führen, gibt es viele, etwa wenn der Rückruf nicht klappt oder Leinenpflicht herrscht. Nicht immer muss es dabei die Leine aus dem Fachhandel sein.

Um selbst eine Leine herzustellen, benötigst du eine Kordel oder ein schmales Gurtband. In Baumärkten gibt es davon jede Menge. Außerdem brauchst du einen Karabiner und eine Möglichkeit, diesen an deiner Leine zu befestigen – entweder durch Knoten oder durch Nieten.

MATERIAL PASSEND ZUM HUND
Je nachdem, wie schwer dein Hund ist und ob du die Leine für draußen oder drinnen verwenden möchtest, suchst du entsprechend robuste Materialien aus. Die Leine darf gern knallig sein, damit du sie gut siehst.

SO WIRD'S GEMACHT
Schneide die Leine in der gewünschten Länge ab. Lege ein Ende der Leine zu einer Schlaufe für den Karabiner und befestige sie sicher mit den Nieten oder durch Verknoten des Endes. Anschließend hängst du den Karabiner in die Schlaufe ein.

EXPERTEN-TIPP

NUTZUNG VON SCHLEPPLEINEN

Befestige die Schleppleine nur am Brustgeschirr deines Hundes. Gerade wenn der Hund draußen aus einem etwas höheren Tempo in das Halsband springt, können böse Verletzungen entstehen. Auch solltest du bei der Verwendung einer langen Leine selbst Handschuhe tragen, um Brandverletzungen vorzubeugen, die entstehen können, wenn die Leine schnell durch die Hand rutscht.

BERUHIGEN MIT DER BALANCELEINE

Die Balanceleine ist eine tolle Möglichkeit, dass dein Hund in aufregenden Situationen locker an der Leine geht und seine innere Balance wiederfindet. Auch stark ziehende Hunde können damit ohne Kraftaufwand wieder zur Ruhe gebracht werden. Außerdem verschafft die Leine unsicheren Hunden einen Rahmen zur Orientierung.

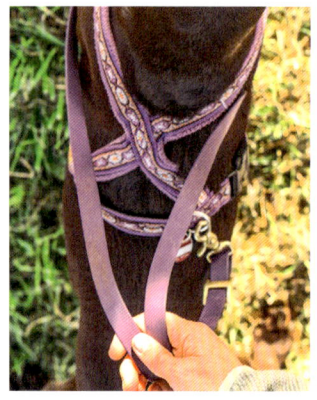

Kinderleicht mit einer Hand zu halten.

Ist dein Hund sehr aufgeregt und nicht mehr ansprechbar, bringt es nichts, mit ihm in diesem Moment das Gehen an der lockeren Leine zu üben. Damit du trotzdem nicht von ihm gezogen wirst und ihm gleichzeitig hilfst, zu sich selbst zu finden, ist die Balanceleine nützlich. Durch die vor dem Ellbogen des Hundes schwingende Leine erfährt der Hund eine Berührung, die er im Alltag nicht kennt, und konzentriert sich darauf.

SO GEHT'S

Sobald du die Balanceleine hältst wie auf dem Foto links, lockst du deinen Hund mit der anderen Hand, damit er vorwärtsgeht. Dabei pendelt die Leine vor seiner Brust auf Höhe der Ellbogen. Die Berührung mit der Leine erinnert deinen Hund bei jedem Schritt an seine Beine, er konzentriert sich auf das Laufen. Dadurch wird er langsamer, und du kannst ihn besser halten.

1. Leine deinen Hund an,
so wie sonst auch.

2. Halte die Leine locker
in der einen Hand.
Führe das Leinen-
ende um die Brust
deines Hundes.
Lege das Ende in die
haltende Hand. So
hast du die komplette
Leine in einer Hand.

POSITIVES MAULKORBTRAINING

Positiv verknüpft, ist ein Maulkorb keine Strafe, sondern ermöglicht z. B. im Ernstfall eine schnelle medizinische Behandlung. Nötig ist er etwa beim Tierarzt oder in stressigen Situationen. Der Maulkorb muss gut sitzen, darf nicht drücken, scheuern oder den Hund einschränken. Ungeeignet sind Maulkörbe aus Leder oder Kunststoff sowie Nylonmaulschlaufen.

Füttere deinen Hund durch den Maulkorb.

SO GEHST DU VOR

Lege den Korb mit der Öffnung zum Hund zusammen mit Futter in die Handfläche. Den Kopfriemen klappst du weg. Nun darf der Hund das Futter nehmen. Er entscheidet, wann und wie lange er den Kopf im Korb lässt. Auf keinen Fall den Riemen überstülpen!

Klappt das gut, halte den Maulkorb ohne Futter hin. Sobald der Hund den Kopf im Korb hat, fütterst du wieder von außen durch den Korb. Verweilt dein Hund länger mit der Schnauze im Korb, lege den Riemen erstmals sanft hinter die Ohren. Von Vorteil ist es, wenn du den Riemen vorher schon im ersten Loch geschlossen hast (weniger Fummelei mit einer Hand).

Wiederhole die Übung so oft, bis dein Hund den Kopf auch ohne Futter von allein in den Korb legt und dich den Riemen hinter den Ohren schließen lässt. Währenddessen bestätigst du ihn immer wieder mit Futter.

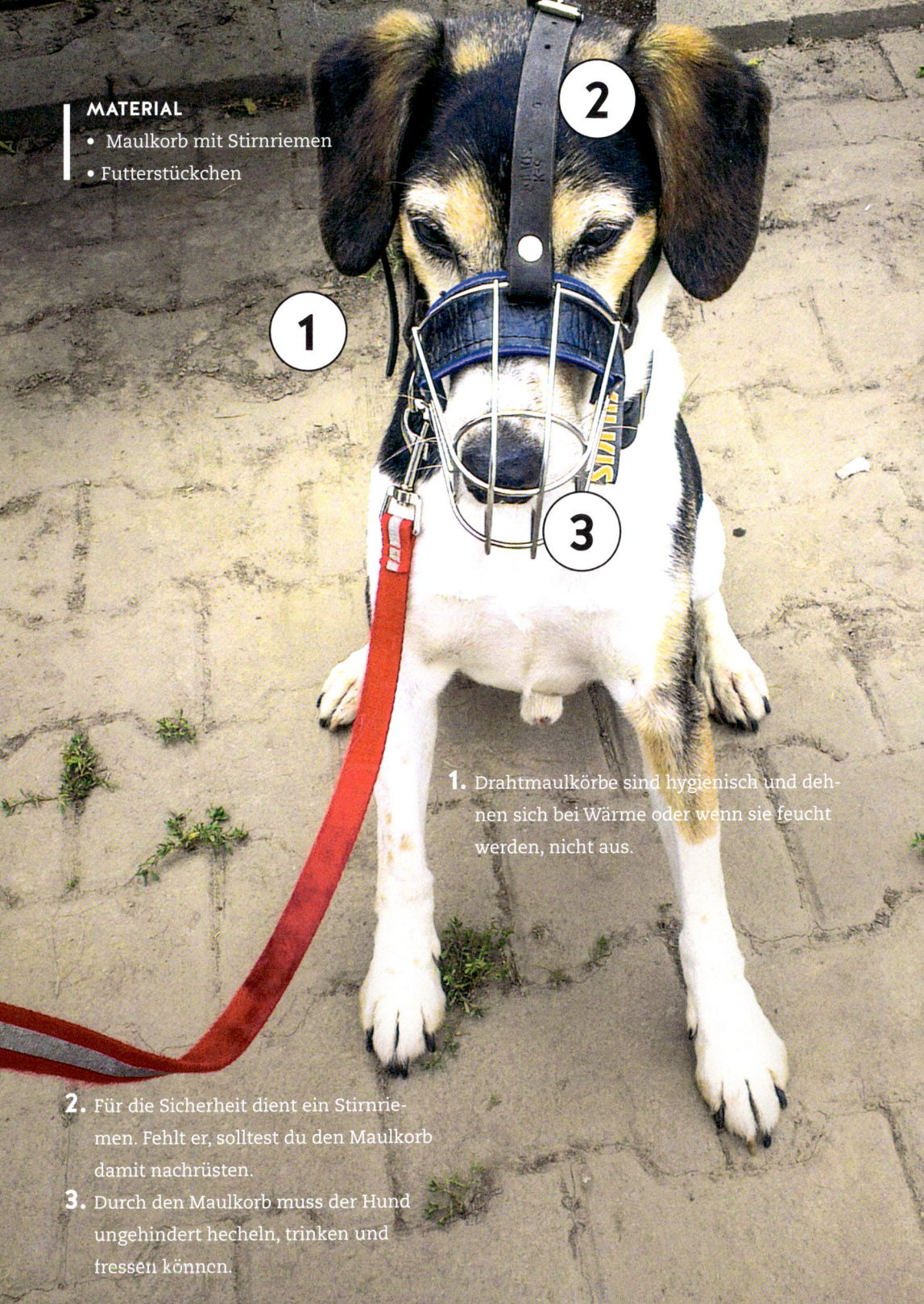

MATERIAL
- Maulkorb mit Stirnriemen
- Futterstückchen

1. Drahtmaulkörbe sind hygienisch und dehnen sich bei Wärme oder wenn sie feucht werden, nicht aus.

2. Für die Sicherheit dient ein Stirnriemen. Fehlt er, solltest du den Maulkorb damit nachrüsten.

3. Durch den Maulkorb muss der Hund ungehindert hecheln, trinken und fressen können.

VON IHNEN STAMMEN DIE LIFEHACKS

Chrissey Betz (kayabordercorgi. com): Faltbarer Reisenapf S. 22/23; Pfotenbalsam mit Lavendelöl, S. 50; Zugstopp-Halsband, S. 96/97; Wendehalstuch, S. 104/105

Dini Bosse (hundekind-abby.de): Rutschsicherer Napf, S. 16/17; Zecken loswerden mit der Fusselrolle, S. 43; Schutz für verletzte Pfoten, S. 52/53; Hilfe bei Sodbrennen, S. 58/59; Suchspiel mit Bechern, S. 118/119

Sarah Both (bothshunde.com): Angstlösende Körperbandage, S. 46/47; Clickern ohne Clicker, S. 132; Leinenführigkeit üben, S. 133; Schleppleine aus dem Baumarkt, S. 134/135; Beruhigen mit der Balanceleine, S. 136/137

Eva Ehrentraut (undercoverlabrador.de): Suppe gegen Durchfall, S. 57; Gassibrett aus Fundstücken, S. 88/89; Hundedecke aus alten Jeans, S. 91; Buntes Leinen-Upcycling, S. 92/93; Tennisball als Futterdummy, S. 100/101

Nicole Goetz (moeandme.de): Hilfe gegen Schlingen mit Ball im Napf, S. 21; Pflegen mit Kokosöl, S. 70/71; Sauberkeit für unterwegs, S. 74; Hunde in Szene setzen auf einem Selfie, S. 86

Lizzy Häußler (aussieblog.de): Hilfe gegen Schlingen mit der Muffinform, S. 20; Kuschelkissen für Milbenallergiker, S. 44; Antirutschsocken, S. 51; Grünzeug gegen Mundgeruch, S. 63; Suchspiele für zu Hause mit Kastanien und Fläschchen, S. 116/117

Rebecca Kolchmeier (ver mopst.blogspot.de): Fischkekse backen, S. 26/27; Stylishe Leckerlidose, S. 29; Hundeeis für heiße Tage, S. 38/39; Hundeleinen-Garderobe, S. 90; Flotter Hundeloop, S. 106/107

Sabrina Konczak (dietutnichts. de): Fellpflege leicht gemacht durch Entwollen, S. 66; Hundeshampoo selbst gemacht gegen Parasiten und für schönes Fell, S. 72/73; Gepflegte Hundekrallen, S. 76/ 77; Bunter Fleece-Quolli, S. 110/ 111; Suchfeld für zu Hause, Suche im Dreieck, S. 118/119; Schnüffelmemory, S. 120/121

Sandra Musculus (dreipunkte charlie.de): Klammerpflaster zur Erstversorgung, S. 54; Tragehilfe für verletzte Hunde, S. 55; Tipp: Nylonstrumpfhosen als Haarfänger in der Waschmaschine, S. 69; Halstuch aus Filz, S. 109

Rebecca Noeh (leswauz.com): Dörrfleisch selbst gemacht, S. 32/33; Mobile Graskiste, S. 36/37; Flöhe loswerden mit dem Flohkamm, S. 42; Schutz für verletzte Pfoten, S. 52/53; Vorgesorgt mit Notfallkarte, S. 56; Fellpflege leicht gemacht mit Bimsstein, S. 67; Hundehaare loswerden auf Möbeln und auf der Kleidung, S. 68/69; Den Hund entstinken, S. 78/79

Anna-Lena Radünz (happy doglife.de): Slips für läufige Hundedamen, S. 80/81; Altes Shirt als Dreckschutz, S. 102/ 103; Stubenrein mit Weichspüler, S. 130/131

Katarina Riedel (lokiderlabra dor.de): Plastikbeutel als Trinknapf to go, S. 25; Deoroller zum Stressabbau, S. 45; Erleichterung beim Zahnwechsel, S. 62; Klapperfreie Hundemarken, S. 95; Mit Pipi-Tagebuch stubenrein, S. 128/129

Kerstin Sonneborn (kleinehun deschnauzen.com): Leckerlibeutel to go, S. 24; Leckerlis aus der Backmatte, S. 28; Läufigkeitshöschen und Rüdenbinde, S. 82/83; Loop aus Fleece, S. 108; Fummelspiel, S. 114; Papprolle gegen Langeweile, S. 115

Christina Stadtmüller (zucker undzimtdesign.com): Abwaschbare Napfunterlage, S. 18; Holz-Hundemarke, S. 94; Beschäftigungsideen für unterwegs, S. 98/99; Spielzeugknochen, S. 112/113; Kofferkörbchen, S. 122/123; Kissen fürs Kofferkörbchen, S. 124/125

Susanne Steffen (stressless dogs.de): Stulpen als Ohrenhalter, S. 19; Leckerlis für Sensible, S. 30/31; Kokoskräuterpralinen, S. 34/35; Besuch beim Tierarzt, S. 48/49; Leinsamenschleim für den Magen, S. 60/61; Hundebürsten einfach säubern, S. 75; Positives Maulkorbtraining, S. 138/139

Julia Wenderoth (midoggy.de): Hunde in Szene setzen als Model, S. 87

REGISTER

LITERATUR UND ADRESSEN

SHOPS

- **Glückshund** (https://www.glueckshund.dog): Hier gibt es das Schnüffelmemory und viele weitere tolle handgemachte Dinge für Hund und Mensch.
- **vermopst** (https://www.vermopst.com): Hier kann man viele einzigartige und handgemachte Dinge kaufen, zum Beispiel den Wendeloop.
- **Zucker&Zimt Design** (https://www.zuckerundzimtdesign.de/shop/): Hier kann man viele einzigartige und handgemachte Dinge im Stil des Kofferkörbchens kaufen.

TRAINING UND ERNÄHRUNGSBERATUNG

- **Bothshunde** (https://bothshunde.com): Hundetraining.
- **StresslessDogs** (http://www.stresslessdogs.de): Ernährungsberatung für Hunde, Physiotherapie und Fitnesstraining.

- Hundekinder Futtercoach (www.Hundekinder-Futtercoach.de): Ernährungsberatung für Hunde, Barfen und Ernährung von schilddrüsenkranken Hunden.

FOTOGRAFIE

- Wuschelpfoten (http://wuschelpfoten.de): Schulungen zum Thema Hundefotografie, ehrenamtliche Fotoshootings für die Vermittlung von Tierschutzhunden.

BÜCHER

- Böhm-Reithmeier, Inga / von der Leyen, Katharina: **Leinen los! Freilauftraining für den Hund.** Gräfe und Unzer Verlag, München
- Busch, Leo: **Leinentraining.** Gräfe und Unzer Verlag, München
- DaWanda: **Selbstgemacht! Lieblingsstücke für den Hund.** Gräfe und Unzer Verlag, München
- Falke, Kristina: **Schnüffelspaß für Hunde.** Gräfe und Unzer Verlag, München
- Hagmann, Dr. Katrin / Sieger, Helge: **Der Gassi-Coach. Erziehen beim Spazierengehen.** Gräfe und Unzer Verlag, München
- Ludwig, Gerd: **Hunde-Spiele-Box.** Gräfe und Unzer Verlag, München
- Mühlbauer, Brunhilde: **Hunde richtig massieren.** Akupressur, Massage & mehr. Cadmos Verlag, München
- Schlegl-Kofler, Katharina: **Hunde-Clickertraining.** Gräfe und Unzer Verlag, München
- Schröder, Christine/ Pape, Laura: **Hunde-Trainings-Box.** Gräfe und Unzer Verlag, München
- Simpson, Jeff: **Hunde-Cookies.** Backen für Hunde. Gräfe und Unzer Verlag, München
- Taetz, Alexandra: **Welpen-Spiele-Box.** Gräfe und Unzer Verlag, München
- Winkler, Sabine: **Hunde-Clickerbox.** Gräfe und Unzer Verlag, München

Die werden Sie auch lieben.

IMPRESSUM

Projektleitung: Elke Sieferer
Lektorat: Angelika Lang
Bildredaktion: Petra Ender, Cover: Natascha Klebl
Satz: Marion Feldmann
Herstellung: Petra Roth
Innenlayout und Klappen: kral&kral design, München
Umschlaggestaltung: independent Medien-Design, Horst Moser, München
Repro: Medienprinzen GmbH, München
Druck und Bindung: F+W Druck- und Mediencenter, Kienberg
Printed in Germany
ISBN 978-3-8338-6531-2
1. Auflage 2018

 www.facebook.com/gu.verlag

BILDNACHWEIS

Art is Passion Photodesign by Silvia Höld: 9-3; Christiane Betz: 9-1, 22, 23, 50, 96, 97, 104, 105; Dini Bosse: 9-2, 16, 17, 43, 53-1, 53-2, 58, 59, 118, 119-2, 119-3; Katharina Düwel: 46, 47, 132, 133, 134, 135, 136, 137; Eva Ehrentraut: 10-1, 57, 88, 89, 91, 92, 93, 100, 101; Nicole Goetz: 10-2, 20, 70, 71, 74, 86; Catherine Gericke Photography: 13-3; Rebecca Kolchmeier: 11-1, 26, 27, 29, 38, 39, 90, 106, 107; Sabrina Konczak: 11-2, 66, 76, 77, 110, 111, 119-1, 120, 121; Sandra Musculus: 11-3, 54, 55, 109; Rebecca Noeh: 12-1, 32, 33, 36, 37, 42, 52, 53-3, 56, 67, 68, 69, 78, 79; Anna-Lena Radünz: 12-2, 80, 81, 102, 103, 130, 131; Erik Räven: 10-3, 21, 44, 51, 63, 116, 117; Katarina Riedel: 12-3, 25, 45, 62, 95, 128, 129; Kerstin Sonneborn: 13-1, 24, 28, 82, 83, 108, 114, 115; Christina Stadtmüller: 13-2, 18, 94, 98, 99, 112, 113, 122, 123, 124, 125; Susanne Steffen: 19, 30, 31, 34, 35, 48, 49, 60, 61, 75, 138, 139; Julia Wenderoth: 2, 4, 6, 7, 8 15, 41, 65, 72, 73, 85, 87, 127.

Syndication:
www.seasons.agency

Liebe Leserin, lieber Leser,

haben wir Ihre Erwartungen erfüllt? Sind Sie mit diesem Buch zufrieden? Haben Sie weitere Fragen zu diesem Thema? Wir freuen uns auf Ihre Rückmeldung, auf Lob, Kritik und Anregungen, damit wir für Sie immer besser werden können.

GRÄFE UND UNZER Verlag
Leserservice
Postfach 86 03 13
81630 München
E-Mail:
leserservice@graefe-und-unzer.de

Telefon: 00800 / 72 37 33 33*
Telefax: 00800 / 50 12 05 44*
Mo–Do: 8.00–18.00 Uhr
Fr: 8.00–16.00 Uhr
(* gebührenfrei in D, A, CH)

Ihr GRÄFE UND UNZER Verlag
Der erste Ratgeberverlag – seit 1722.

Umwelthinweis:
Dieses Buch ist auf PEFC-zertifiziertem Papier aus nachhaltiger Waldwirtschaft gedruckt.

GRÄFE
UND
UNZER

Ein Unternehmen der
GANSKE VERLAGSGRUPPE

24.6 Relativer Deckungsbeitrag, Produktions-programm

Merke:	(1) Kurzfristig gilt: *Liegt kein Engpass vor*, so sollte das Unternehmen alle Produkte herstellen, die einen positiven (absoluten) Deckungsbeitrag erwirtschaften.
	(2) Kurzfristig gilt: *Liegt ein Engpass vor*, so ist das Produktionsprogramm in der Rangfolge der relativen Deckungsbeiträge aufzustellen.

Beispiel:

$$\text{Relativer db} = \frac{\text{(absoluter) db}}{\text{min/Stück}} \quad | \quad \text{Engpass} = \text{Fertigungsminuten}$$

$$= \quad 90{,}00 \,€ : 20 \text{ min/Stück} \quad = \quad 4{,}5 \,€/\text{min} \quad = \quad 270 \,€/\text{Std.}$$

24.7 Relativer Deckungsbeitrag, Sortiments-gestaltung

relativer DB	= (absoluter) DB · 100 : Erlöse

oder z. B.:

relativer DB	= (absoluter) DB : Lagerfläche pro Artikel

24.8 Einstufige Deckungsbeitragsrechnung

Bereiche	Bereich I				Bereich II		gesamt
Gruppen	Erzeugnisgruppe 1		Erzeugnisgruppe 2		Erzeugnisgruppe 3		
Produkte	Produkt 1	Produkt 2	Produkt 3	Produkt 4	Produkt 5	Produkt 6	
Umsatzerlöse	30.000	28.000	8.000	31.000	64.000	52.000	213.000
– variable Kosten	12.000	14.000	6.000	16.000	29.000	21.000	98.000
= DB	18.000	14.000	2.000	15.000	35.000	31.000	**115.000**
– Fixkosten							84.000
= Betriebsergebnis							31.000

24.9 Mehrstufige Deckungsbeitragsrechnung[1]

Erlöse	[1] Eine weitere Untergliederung ist möglich.
– variable Kosten	
= **Deckungsbeitrag I (Rohertrag)**	
– erzeugnisfixe Kosten	Der Teil der fixen Kosten, der sich dem Kostenträger direkt zuordnen lässt, z. B. Kosten einer spezifischen Fertigungsanlage, Spezialwerkzeuge.
= **Deckungsbeitrag II (Wertschöpfung)**	
– erzeugnisgruppenfixe Kosten	Der Teil der fixen Kosten, der sich zwar nicht einem Kostenträger, jedoch einer Kostenträgergruppe (Erzeugnisgruppe), zuordnen lässt.
= **Deckungsbeitrag III**	
– unternehmensfixe Kosten	Ist der restliche Fixkostenblock, der sich weder einem Erzeugnis noch einer Erzeugnisgruppe direkt zuordnen lässt, z. B. Kosten der Geschäftsleitung/ der Verwaltung.
= Betriebsergebnis	

24.10 Entscheidungsorientierte Teilkostenrechnung

24.10.1 Kritische Stückzahl

Allgemein gilt für die kritische Stückzahl x_{krit}:

$$K_1 \quad = K_2 \qquad \text{1, 2: Verfahren 1, 2}$$

$$K_{f1} + x \cdot k_1 = K_{f2} + x \cdot k_2$$

$$\rightarrow \quad x_{krit} = \frac{K_{f1} - K_{f2}}{k_2 - k_1} = \frac{K_{f2} - K_{f1}}{k_1 - k_2}$$

$$\text{Kritische Stückzahl} \quad = \frac{\text{Fixkosten 1} - \text{Fixkosten 2}}{\text{var. Stückkosten 2} - \text{var. Stückkosten 1}}$$

> *Bei Überschreiten der kritischen Menge ist das kostengünstigere Verfahren zu wählen; es ist das Verfahren, das zwar höhere Fixkosten aber geringere variable Kosten hat.*

24.10.2 Zusatzauftrag

Als Zusatzauftrag bezeichnet man alle Aufträge, die zu Preisen unterhalb der derzeitigen Verkaufspreise angenommen werden. Dadurch soll erreicht werden:

- bessere Nutzung der zurzeit nicht ausgelasteten Kapazität,
- Verbesserung des Periodenerfolgs,
- zusätzliche Ausschöpfung des Marktpotenzials.

Die Annahme eines Zusatzauftrages ist dann vorteilhaft, wenn der Gewinn bei Annahme mindestens so hoch ist, wie bei Ablehnung. Der Erlös des Zusatzauftrages muss also mindestens seine variablen Kosten decken. Die fixen Kosten sind bereits durch die Erlöse der bisherigen Fertigung gedeckt. Die Fragestellung ist mithilfe der Deckungsbeitragsrechnung zu beantworten.

24.10.3 Optimale Maschinenbelegung

Bedingungen:	Lösung:
- Es liegt kein Engpass vor. - Die Anlagen sind insgesamt nicht ausgelastet. - Kurzfristig können oder sollen keine neuen Anlagen beschafft werden. - Das oder die Erzeugnisse können auf allen Anlagen gefertigt werden.	Es werden die Anlagen genutzt, die die geringsten variablen Stückkosten haben bzw. die den höchsten Deckungsbeitrag erwirtschaften. Die fixen Kosten je Anlage bleiben unberücksichtigt, da sie kurzfristig unveränderbar sind.

Beispiel: Derzeit wird auf zwei Anlagen unter folgenden Bedingungen gefertigt:

		Anlage 1	Anlage 2	gesamt
Kapazität		8.000	4.000	
Fertigungsmenge (= Absatzmenge)	Stück/Monat	8.000	4.000	12.000
Variable Kosten	€/Stück	2,50	4,50	
Fixe Kosten	€/Monat	10.000	14.000	24.000
Verkaufspreis	€/Stück	6,50	6,50	

Bedingung: Im kommenden Monat wird mit einer Verringerung des Absatzes um 3.000 Stück gerechnet. Bei Teilkostenbetrachtung ergibt sich daher folgende Situation:

		Anlage 1	Anlage 2
Umsatzerlöse		6,50	6,50
- variable Kosten	€/Stück	2,50	4,50
= db		4,00	2,00

Bei dem Auswahlproblem wird auf Anlage 1 die unveränderte Menge gefertigt, da sie den höchsten Deckungsbeitrag erwirtschaftet. Der Absatzrückgang geht zu Lasten der Anlage 2.

Ergebnis:

Variante 1		Anlage 1/8.000 Stk.	Anlage 2/1.000 Stk.	
Deckungsbeitrag	€/Monat	$\dfrac{4,00 \cdot 8.000}{32.000}$	$\dfrac{2,00 \cdot 1.000}{2.000}$	34.000

Im Vergleich dazu würde der Absatzrückgang zu Lasten der Anlage 1 einen insgesamt geringeren Deckungsbeitrag ergeben:

Variante 2		Anlage 1/5.000 Stk.	Anlage 2/4.000 Stk.	
Deckungsbeitrag	€/Monat	$\dfrac{4,00 \cdot 5.000}{20.000}$	$\dfrac{2,00 \cdot 4.000}{8.000}$	28.000

24.10.4 Eigen- oder Fremdfertigung (Make or Buy; MoB)

Folgende Variablen entscheiden über Eigen- oder Fremdfertigung:

- *Qualitative Gesichtspunkte*:
  Z. B. Abhängigkeit von Lieferanten, Qualitätssicherung beim Lieferanten, Zuverlässigkeit.
- *Kostengesichtspunkte:*

Kurzfristige Entscheidung	Kurzfristig wird die vorhandene Produktionsausstattung als Datum gesehen. Liegt kein Engpass vor, so wird eigengefertigt, wenn der Einkaufspreis pro Stück (p) über den variablen Stückkosten (k_v) liegt. Die fixen Kosten werden bei der kurzfristigen Betrachtung nicht beachtet, da sie unabhängig vom Fremd- oder Eigenbezug anfallen. **Eigenfertigung, wenn p > k_v**
Langfristige Entscheidung	Hier werden die Produktionsbedingungen als veränderbar gesehen. Eigenfertigung und Fremdbezug werden meist im Wege der *Kostenvergleichsrechnung* (statische Investitionsrechnung) gegenübergestellt unter Einbeziehung der fixen und variablen Kosten bei der Eigenfertigung und den Bezugskosten der Fremdfertigung. Alternativ können dynamische Verfahren der Investitionsrechnung eingesetzt werden. Die Berechnung ist aufwändiger aber geeigneter.

25. Plankostenrechnung (PKR)

Die Istkosten der Plankostenrechnung (PKR) unterscheiden sich von den Istkosten der Istkostenrechnung (IKR):

IKR	Istkostenrechnung (K_{IKR})	→	Istkosten = Istmenge · **Istpreis**
PKR	Plankostenrechnung (K_{PKR})	→	Istkosten = Istmenge · **Planpreis**

Daher gilt:

IKR	Istkosten	= Istmenge · Istpreis = x_i · p_i	}	**Preisabweichung** $\lvert x_i \cdot p_i \rvert \leftrightarrow \lvert x_i \cdot p_p \rvert$
PKR	Istkosten	= Istmenge · Planpreis = x_i · p_p	}	**Verbrauchsabweichung** $\lvert x_i \cdot p_p \rvert \leftrightarrow \lvert x_p \cdot p_p \rvert$
	Plankosten	= Planmenge · Planpreis = x_p · p_p		

25.1 Starre Plankostenrechnung

Merkmale:
- Sie führt keine Auflösung der Kosten in fixe und proportionale Bestandteile durch.
- Die Vorgabe der Kosten (Planwerte) erfolgt primär auf der Basis zukünftiger Entwicklungen (Erwartungen).

Vorteile:
- Das Verfahren ist relativ einfach. Die Plankosten werden mit den Istkosten verglichen.

Nachteile:
- Der Beschäftigungsgrad wird nicht berücksichtigt.
- Bei Beschäftigungsschwankungen ist keine exakte Kostenkontrolle möglich.
- Abweichungen (Soll – Ist) können nur als Ganzes dargestellt werden.

Es gelten bei der starren Plankostenrechnung folgende Beziehungen:

	Starre Plankostenrechnung (Formeln)		
1	**Plankosten**	=	Planmenge · Planpreis
2	**Istkosten**	=	Istmenge · Planpreis
3	**Plankosten-verrechnungssatz**	=	$\dfrac{\text{Plankosten}}{\text{Planbeschäftigung}}$
4	**Verrechnete Plankosten**	=	Istbeschäftigung · Plankostenverrechnungssatz
		=	Beschäftigungsgrad · Plankosten dabei ist: Beschäftigungsgrad $= \dfrac{\text{Istbeschäftigung} \cdot 100}{\text{Planbeschäftigung}}$
5	**Abweichung** oder:[1)	=	Istkosten – verrechnete Plankosten
		=	verrechnete Plankosten – Istkosten

[1) Möglich sind beide Berechnungsverfahren. Entscheidend ist die Interpretation der Abweichung:

Interpretation:

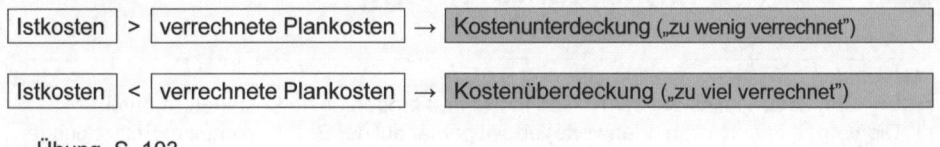

| Istkosten | > | verrechnete Plankosten | → | Kostenunterdeckung („zu wenig verrechnet") |

| Istkosten | < | verrechnete Plankosten | → | Kostenüberdeckung („zu viel verrechnet") |

→ Übung, S. 103

25.2 Flexible Plankostenrechnung

Merkmale:
- Sie führt eine Auflösung der Kosten in fixe und proportionale Bestandteile durch.
- Durch die Einführung der *Sollkosten* lässt sich die Gesamtabweichung differenziert in die Verbrauchsabweichung und die Beschäftigungsabweichung darstellen: Die Sollkosten enthalten die geplanten Fixkosten in voller Höhe und die geplanten variablen Kosten in Abhängigkeit vom Beschäftigungsgrad. Dadurch lassen sich Verbrauchsabweichungen ermitteln.

Vorteile:
- Die Kostenkontrolle ist wirksam – in der Kostenarten- und auch in der Kostenstellenrechnung.
- Durch die Berücksichtigung von Beschäftigungsschwankungen während der laufenden Periode wird erreicht:
  - Die Genauigkeit der Kalkulation wird verbessert.
  - Die Abweichung kann differenziert als Verbrauchs- und als Beschäftigungsabweichung ermittelt werden.

Nachteil:
- Die fixen Kosten haben die gleichen Bezugsgrößen wie die variablen Kosten („erzwungene Proportionalisierung" der fixen Kosten).

Vorgehensweise:
1. Errechnung der *Plankosten je Kostenstelle.*
2. *Aufspaltung der Plankosten* in fixe und variable Bestandteile.

Es gelten bei der flexiblen Plankostenrechnung folgende Beziehungen:

Flexible Plankostenrechnung (Formeln)		
1.1	**Proportionaler Plankostenverrechnungssatz**	$=$ $\dfrac{\text{Proportionale Plankosten}}{\text{Planbeschäftigung}}$
1.2	**Fixer Plankostenverrechnungssatz**	$=$ $\dfrac{\text{Fixe Plankosten}}{\text{Planbeschäftigung}}$
1.3	**Plankostenverrechnungssatz** (gesamt) bei Planbeschäftigung	$=$ Proportionaler Plankostenverrechnungssatz + fixer Plankostenverrechnungssatz $=$ $\dfrac{\text{Plankosten gesamt}}{\text{Planbeschäftigung}}$
2	**Verrechnete Plankosten**	$=$ Istbeschäftigung · Plankostenverrechnungssatz $=$ Plankosten · Beschäftigungsgrad
3	**Sollkosten**	$=$ Fixe Plankosten + Prop. Plankostenverrechnungssatz · Istbeschäftigung $=$ Fixe Plankosten + Prop. Plankosten · Beschäftigungsgrad
4	**Beschäftigungsabweichung (BA)** Abweichung, die auf einer Beschäftigungsänderung basiert	$=$ Sollkosten – Verrechnete Plankosten oder: Verrechnete Plankosten – Sollkosten[1]
5	**Verbrauchsabweichung (VA)** Abweichung, die <u>nicht</u> auf einer Beschäftigungsänderung basiert	$=$ Istkosten – Sollkosten oder: Sollkosten – Istkosten[1] $=$ (Istverbrauch · Planpreis) – (Sollverbrauch · Planpreis)[1]
6	**Gesamtabweichung (GA)**	$=$ Istkosten – Verrechnete Plankosten oder: Verrechnete Plankosten – Istkosten $=$ Verbrauchsabweichung + Beschäftigungsabweichung

[1] BA, VA, GA können auch mit vertauschten Größen berechnet werden. Deshalb werden in der Literatur die Abweichungen z. T. auch in Absolutbeträgen ermittelt. Maßgeblich ist allein die Interpretation der Differenzen.

→ Übung, S. 104 ff.

Grafische Lösung:

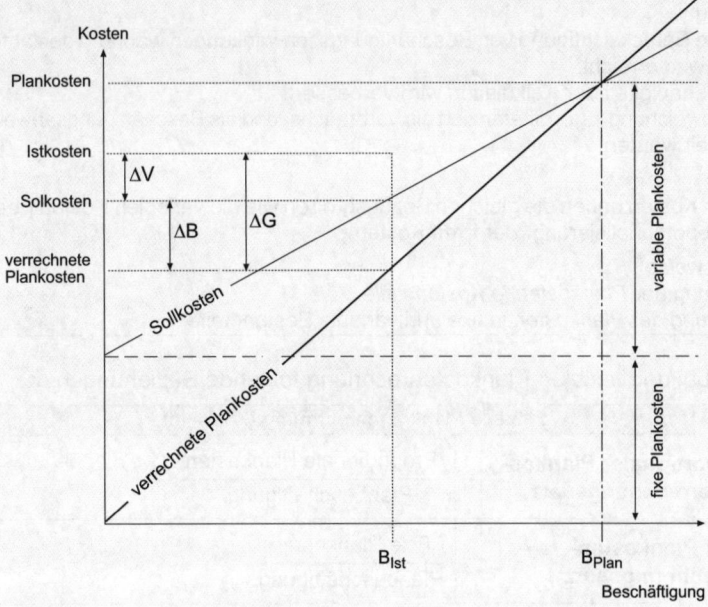

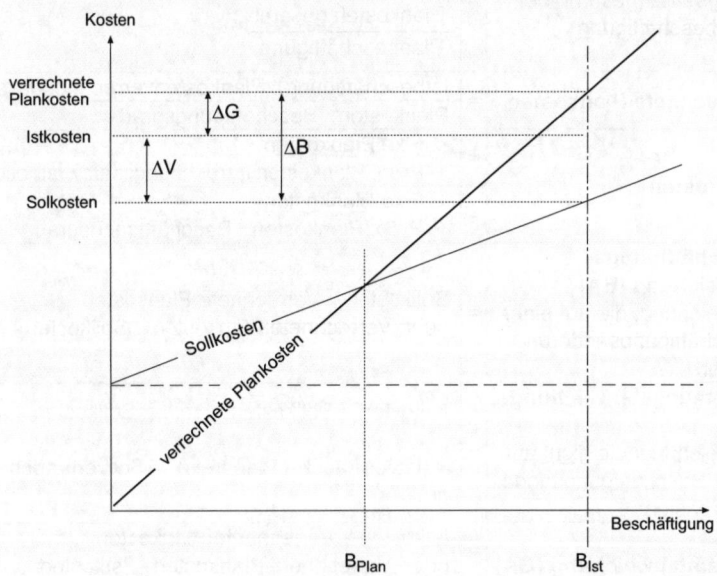

Generell gilt:

Istbeschäftigung	=	Planbeschäftigung	**Verrechnete Plankosten = Sollkosten**
			Schnittpunkt der Sollkostenfunktion mit der Funktion der verrechneten Plankosten.
Istbeschäftigung	<	Planbeschäftigung	**Plankosten < Sollkosten**
			Ein Teil der fixen Kosten wird nicht verrechnet.
Istbeschäftigung	>	Planbeschäftigung	**Plankosten > Sollkosten**
			Es werden mehr fixe Kosten verrechnet als nach Plan anfallen sollen.

Abweichungsanalyse

Merke:

$$\text{Abweichung absolut} = \text{Ist} - \text{Soll}$$

$$\text{Abweichung in \%} = \frac{\text{Ist} - \text{Soll}}{\text{Soll}} \cdot 100$$

Merke:

Ist - Soll	>	0	→	Kostenüberschreitung
Ist - Soll	<	0	→	Kostenunterschreitung
Ist - Soll	=	0	→	Einhaltung der Kostenvorgabe

Abweichungen		
↓	↓	↓
(1)	**(2)**	**(3)**
Preisabweichung (PA)	**Verbrauchsabweichung (VA)**	**Beschäftigungs-abweichung (BA)**
	Materialabweichung / Lohnabweichung	
Istmenge · **Istpreis** – Istmenge · **Planpreis** ———————— = **Preisabweichung**	Istkosten – Sollkosten Dabei gilt: Istkosten = Istmenge · Planpreis	Sollkosten – Verrechnete Plankosten ———————— = **Beschäftigungsabweichung**

(1)

PA	>	0	→ Es sind Mehrkosten entstanden. Es wurden zu wenig Kosten verrechnet.
PA	<	0	→ Es wurden zu hohe Kosten verrechnet.

(2)

VA	>	0	→ Istkosten > Sollkosten: Verbrauch ist höher als geplant.
VA	<	0	→ Istkosten < Sollkosten: Verbrauch ist niedriger als geplant!

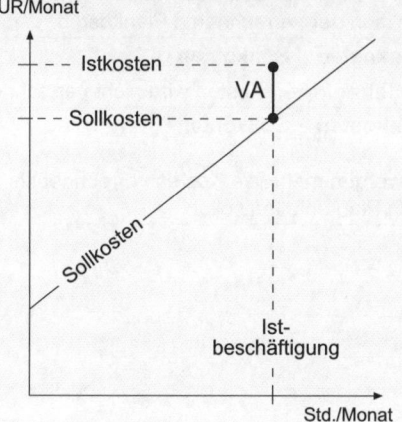

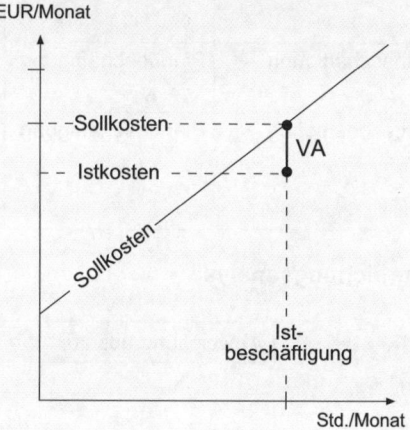

Beschäftigungsabweichung (BA)

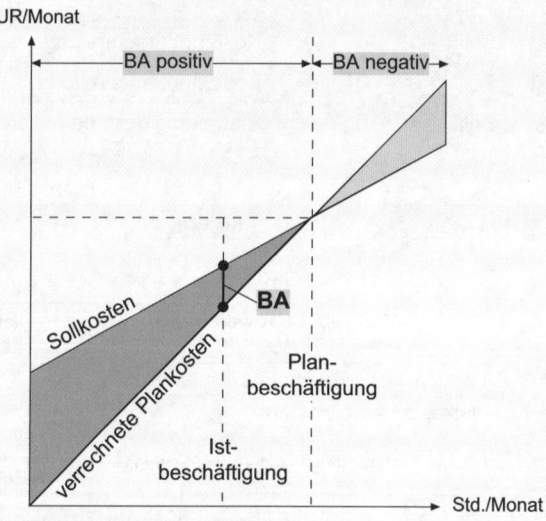

Soll-Ist-Vergleich	
1. *Sollwerte* festlegen.	4. *Abweichung analysieren* und bewerten.

2. *Istwerte* ermitteln:
   - sachlich zutreffend,
   - zeitnah,
   - zeitraumbezogen (Woche, Mo-
     nat, Quartal, Jahr).
	5. Ggf. *Korrekturmaßnahmen* festlegen/
	vereinbaren und durchführen.

	7. Beabsichtigte *Wirkung der Korrektur- maßnahmen überprüfen.*
3. *Soll-Ist-Vergleich* ermitteln.	

Variator:

Bei der Zehnerschreibweise ist der Variator definiert als der Quotient aus den variablen Plankosten und den Plankosten multipliziert mit dem Wert 10:

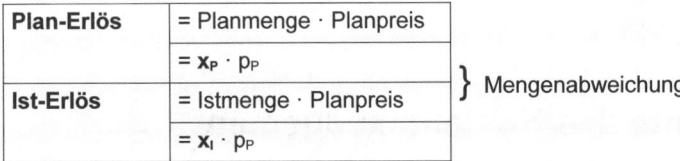

$$\text{Variator} = \frac{\text{variable Plankosten} \cdot 10}{\text{Plankosten}}$$

$$\text{Variable Kosten} = \frac{\text{Variator} \cdot \text{Plankosten}}{10}$$

$$V = \frac{K_{v/Plan} \cdot 10}{K_{Plan}}$$

$$K_{v/Plan} = \frac{V \cdot K_{Plan}}{10}$$

Der Variator ist eine Kennzahl, die angibt, wie viel Prozent die variablen Kosten an den geplanten Gesamtkosten ausmachen, sofern die Planbeschäftigung realisiert wird und die Gesamtkostenfunktion linear ist.

Plan-Erlös	= Planmenge · Planpreis
	= $x_P \cdot p_P$
Ist-Erlös	= Istmenge · Planpreis
	= $x_I \cdot p_P$

} Mengenabweichung

26 Kostenmanagement

26.1 Phasen des Kostenmanagement

Die Phasen des Kostenmanagement entsprechen im Wesentlichen dem Management-Regelkreis: Ziele setzen → planen → organisieren → durchführen → kontrollieren:

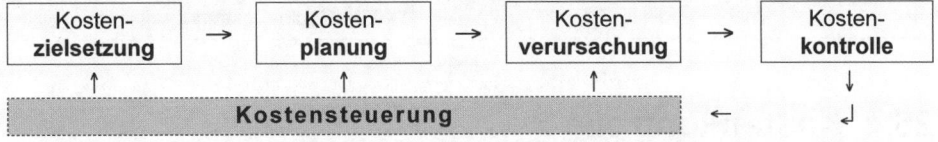

26.2 Einzelaufgaben des Kostenmanagement

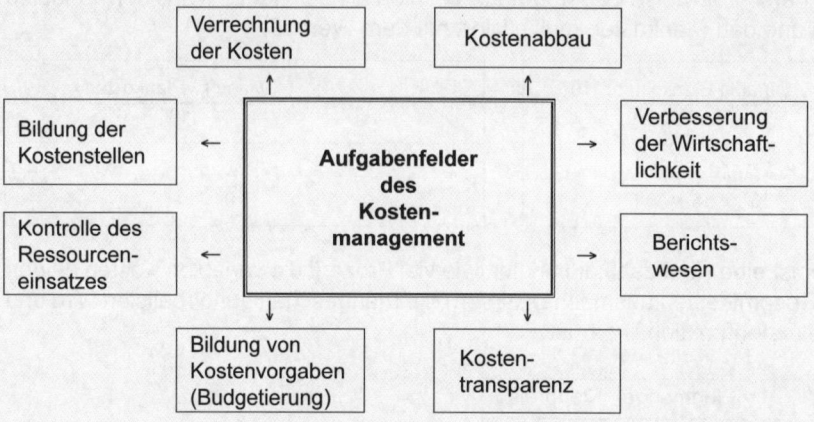

26.3 Instrumente des Kostenmanagement

Kostenmanagement • Instrumente	
zur Herstellung der **Kostentransparenz**	- Betriebsabrechnung - Deckungsbeitragsrechnung
zum Management der **Gemeinkosten**	- Prozesskostenrechnung - Gemeinkostenwertanalyse - Null-Basis-Budgetierung
zum Erkennen von **Kostensenkungspotenzialen**	- ABC-Analyse - Cost-Benchmarking - Prozesskostenrechnung - Target-Costing
Produktorientierte Ansätze	- Target-Costing - Life-Cycle-Costing

26.4 Kostenkontrolle

Erfolgskontrolle	- Kurzfristige Erfolgskontrolle - Kontrolle der Unternehmensbereiche - Produkterfolgskontrolle
Wirtschaftlichkeits-kontrolle	- Umfang und Art der entstandenen Kosten (Kostenartenrechnung) - Ort der Kostenentstehung (Kostenstellenrechnung) - Verwendungszweck der Kosten (Kostenträgerrechnung) - Innerbetrieblicher Vergleich - Zwischenbetrieblicher Vergleich
Preiskontrolle	- Nachkalkulation auf Vollkostenbasis - Nachkalkulation auf Teilkostenbasis - Preisvergleiche

26.5 Kostenstrukturkennzahlen

1   Verhältnis der Einzelkosten zu den Gemeinkosten:

$$\frac{\text{Gemeinkosten} \cdot 100}{\text{Einzelkosten}}$$

2   Verhältnis der fixen zu den variablen Kosten:

$$\frac{\text{beschäftigungsunabhängige Kosten} \cdot 100}{\text{beschäftigungsabhängige Kosten}} = \frac{\text{fixe Kosten} \cdot 100}{\text{variable Kosten}}$$

3   Verhältnis der fixen Kosten zu den Gesamtkosten:

$$\frac{\text{beschäftigungsunabhängige Kosten} \cdot 100}{\text{Gesamtkosten}} = \frac{\text{fixe Kosten} \cdot 100}{\text{Gesamtkosten}}$$

4   Verhältnis einer Kostenart nach dem verbrauchten Produktionsfaktor zu den Gesamtkosten, z. B.:

$$\frac{\text{Materialkosten} \cdot 100}{\text{Gesamtkosten}}$$

5   Verhältnis einer Kostenart nach der betrieblichen Funktion zu den Gesamtkosten, z. B.:

$$\frac{\text{Beschaffungskosten} \cdot 100}{\text{Gesamtkosten}}$$

6   Verhältnis einer Kostenart in Abhängigkeit von der Produktionsstufe zu den Selbstkosten, z. B.:

$$\frac{\text{Materialkosten} \cdot 100}{\text{Selbstkosten}}$$

27 Zielkostenrechnung (Target-Costing)

Beim Target-Costing (Zielkostenrechnung) wird für ein geplantes Produkt der auf dem Markt zu realisierende Preis ermittelt (Schätzung bzw. Marktstudien). Die Fragestellung lautet also nicht „Was kostet das Produkt?", sondern „Was darf das Produkt kosten?" Von der Zielgröße (Marktpreis x Planmenge) wird der gesamte Aufwand subtrahiert. Der traditionelle Bottom-up-Ansatz wird zu einem Top-down-Vorgehen umgekehrt: Forschung & Entwicklung, Fertigung und Vertrieb müssen sich an der Preisbereitschaft der

Kunden orientieren. Damit werden die maximal zulässigen Fertigungskosten aus dem möglichen Marktpreis retrograd ermittelt.

→ Übung, S. 145 f.

28 Prozesskostenrechnung

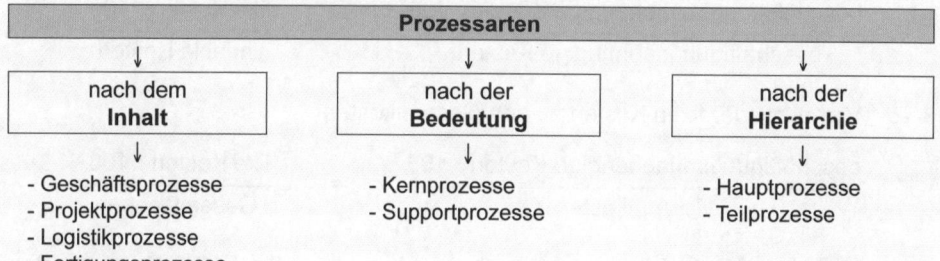

Beispiel für die Zusammenfassung von Teilprozessen zu Hauptprozessen (Ausschnitt):

Teilprozesse		Hauptprozesse
• Material disponieren • Material bestellen • Material annehmen, prüfen und lagern	1	**Material beschaffen**
• Fertigung planen • Fertigung veranlassen • Fertigung steuern • Teile/Baugruppen zwischenlagern • Baugruppen montieren • Versand vorbereiten • Versand ausführen (Transport)	2	**Fertigungsaufträge ausführen**
• Fertigungsauftrag fakturieren • Rechnung versenden • Zahlungseingang überprüfen • außergerichtliches Mahnwesen steuern • ggf. gerichtliche Mahnung veranlassen	3	**Debitorenbuchhaltung steuern**

Typische Beispiele für Kostentreiber sind:

Teilprozesse	Kostentreiber – Beispiele
• Material bestellen	Anzahl der Bestellungen
• Fertigung planen	
• Fertigung veranlassen	Anzahl der Fertigungsaufträge
• Fertigung steuern	
• Fertigungsabteilung leiten	kein Kostentreiber (lmn)
• Teile/Baugruppen zwischenlagern	Anzahl der Transportbewegungen Anzahl der Teile
• Baugruppen montieren	Anzahl der Baugruppen Anzahl der Verrichtungen je Montagevorgang
• Versand vorbereiten	Anzahl der Versandstücke Anzahl der Verrichtungen je Versandvorgang
• Fertigungsauftrag fakturieren	Anzahl der Rechnungen
• Rechnung versenden	
• Zahlungseingang überprüfen	Anzahl der Kunden

Für die lmi-Teilprozesse ist der Teilprozesskostensatz:

$$\text{Teilprozesskostensatz} \quad = \quad \frac{\text{lmi-Teilprozesskosten}}{\text{Teilprozessmenge}}$$

Ermittlung der Hauptprozesskostensätze; Beispiel (schematische Darstellung):

Hauptprozess	Teilprozess	Teilprozesskostensatz
	1.1	67,00
	1.2	12,00
	1.3	15,00
1 Hauptprozesskostensatz		**94,00**
	2.1	20,00
	2.2	10,00
	2.3	30,00
	2.4	30,00
2 Hauptprozesskostensatz		**90,00**
...		

Grundschema einer Prozesskostenkalkulation			
Materialeinzelkosten			
+ Materialprozesskosten	Menge/ Cost-Driver	Prozess- kostensatz	
+ Rest-Materialgemeinkosten		Zuschlagssatz	
= **Materialkosten**			
Fertigungseinzelkosten			
+ Fertigungsprozesskosten	Menge/ Cost-Driver	Prozess- kostensatz	
+ Rest-Fertigungsgemeinkosten		Zuschlagssatz	
+ Sondereinzelkosten der Fertigung			
= **Fertigungskosten**			
= **Herstellkosten**			
Verwaltungsgemeinkosten		Zuschlagssatz	
+ Vertriebsprozesskosten	Menge/ Cost-Driver	Prozess- kostensatz	
+ Rest-Vertriebsgemeinkosten		Zuschlagssatz	
+ Sondereinzelkosten des Vertriebs			
= **Selbstkosten** (pro Stück/pro Auftrag)			

→ Übung, S. 141 ff.

29 Betriebsstatistik   → Übungen, S. 161 ff.

29.1 Aufbereitung von Tabellen

- Tabellen bestehen aus Spalten und Zeilen. Zur besseren Übersicht können Zeilen und Spalten nummeriert werden.
- Die Schnittpunkte von Zeilen und Spalten nennt man Felder oder Fächer.
- Der Tabellenkopf ist die Erläuterung der Spalten. Er kann
  - eine Aufgliederung (z. B. „Belegschaft gesamt", „davon weibliche Belegschaft", „davon männliche Belegschaft"),
  - eine Ausgliederung („Belegschaft insgesamt", „darunter weiblich") oder
  - eine mehrstufige Darstellung („Belegschaft gesamt", davon „männlich", „davon ledig", „davon verheiratet")
  enthalten.
- Tabellen können im Hoch- oder im Querformat wiedergegeben werden.
- Das linke obere Feld (der Schnittpunkt von Vorspalte und Tabellenkopf) kann als
  - Kopf zur Vorspalte,
  - als Vorspalte zum Kopf oder
  - als Kopf zur Vorspalte/Vorspalte zum Kopf

  gestaltet sein. Im Zweifelsfall kann dieses Fach auch leer bleiben, bevor eine nicht eindeutig zutreffende Bezeichnung gewählt wird.

a) oder b) oder c)	Überschrift					
	Tabellenkopf					
	(1)	(2)	(3)	(4)	(5)	

Vorspalte · Tabellenfeld · Zeilen

Spalten

a) Kopf zur Vorspalte (üblich)

b) Vorspalte zum Kopf

c) Vorspalte zum Kopf

Kopf zur Vorspalte

Weitere Grundregeln zur Tabellengestaltung sind:

• Jede Tabelle sollte eine Überschrift enthalten, aus der korrekt der Titel hervorgeht.
• Bei einer quer dargestellten Tabelle sollte die Vorspalte links liegen.

29.2 Kennzahlen

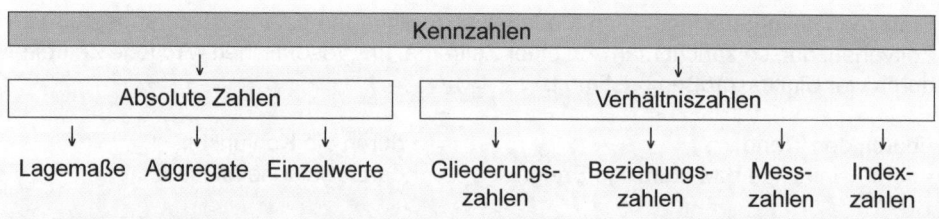

Kennzahlen

Absolute Zahlen → Lagemaße   Aggregate   Einzelwerte

Verhältniszahlen → Gliederungszahlen   Beziehungszahlen   Messzahlen   Indexzahlen

Bei **Gliederungszahlen (g)**
werden Teilgesamtheiten (z. B. männliche Mitarbeiter) auf die dazugehörige Grundgesamtheit (Mitarbeiter gesamt) bezogen. Sowohl Teilgesamtheit als auch Grundgesamtheit beziehen sich dabei auf den gleichen Zeitpunkt. Typisches Anwendungsgebiet für Gliederungszahlen sind Strukturvergleiche. In der Regel wird mit 100 multipliziert.

$$g = \frac{\text{Teilmasse}}{\text{Gesamtmasse}} \cdot 100$$

z. B. „Anteil der Arbeiter an der Gesamtbelegschaft":
$$= \ 800 : 1.200 \cdot 100 \ = \ 66,67\,\%$$

Bei **Beziehungszahlen (b)**
werden die Merkmalsbeträge zweier völlig verschiedener Grundgesamtheiten aufeinander bezogen (z. B. Umsatz : Verkaufsfläche, Kosten : Stückzahl). Im Gegensatz zu den Gliederungszahlen sind also Beziehungszahlen dimensionsbehaftete Werte (z. B. €/qm). Als Hauptregel bei der Bildung von Beziehungszahlen gilt: Beide Größen (Zähler und Nenner) müssen sich auf den gleichen Zeitpunkt oder Zeitraum beziehen; die gebildete Relation muss sinnvoll und den betriebswirtschaftlichen Fragestellungen angemessen sein.

$b = \dfrac{\text{Masse X}}{\text{Masse Y}} \cdot 100$	z. B. „Umsatz pro Mitarbeiter": $b = \dfrac{66 \text{ Mio. €}}{300 \text{ Mitarbeiter}} = 220.000 \text{ €/Mitarbeiter}$

Messzahlen (m)
werden dadurch gebildet, dass man eine Grundgesamtheit (z. B. Mitarbeiter gesamt) in zwei Teilgesamtheiten zerlegt und diese beiden Teilgesamtheiten aufeinander bezieht (z. B. weibliche Mitarbeiter : männliche Mitarbeiter). In der Regel wird die Messzahl so gebildet, dass der größere Wert im Zähler steht.

$m = \dfrac{\text{Teilmasse } X_1}{\text{Teilmasse } X_2}$	$\dfrac{\text{Arbeiter}}{\text{Angestellte}} = \dfrac{600}{200} = 3 : 1$

29.3 Zeitreihen, Trendermittlung   → Übungen, S. 178 ff.

Stellt man die unterschiedlichen Merkmalsausprägungen einer Betrachtungsgröße im Zeitverlauf dar, so spricht man von einer Zeitreihe. Im Wesentlichen wird jede Zeitreihe durch vier Einflussgrößen bestimmt:

• durch den Trend,   • durch die Konjunktur,
• durch einmalige bzw. zufällige Ereignisse,   • durch Saisoneinflüsse.

Um die Qualität von Entscheidungen zu verbessern, stellt sich für den Betriebsstatistiker die Aufgabe, die vorliegende Zeitreihe von den genannten Einflussgrößen zu bereinigen. Dazu gibt es eine Reihe von mathematischen Verfahren, z. B.:

• Oberdurchschnitte,
• gleitende Durchschnitte,
• gewogene gleitende Durchschnitte,
• exponentielle Glättung,
• Regressionsgrade.

29.4 Indexzahlen   → Übung, S. 183 f.

Es gibt eine Fülle von Fragestellungen, bei denen der Vergleich eines Merkmals zum Zeitpunkt t_t (Berichtsperiode) und zum Zeitpunkt t_0 (Basisperiode) von Interesse ist. Es geht also um die zeitliche Veränderung von Durchschnittswerten. Diese Berechnung von Mittelwerten im Zeitablauf ist Gegenstand der Indexlehre. Aus der Fülle der Index-zahlen stehen im Mittelpunkt:

*   Messziffern,
*   ungewogene Indizes sowie
*   gewogene Indizes (nach Laspeyres und Paasche).

Die **Messziffer (M)**
ist ein Vorläufer des Index (man bezeichnet die Messziffer häufig auch als Einzelindex): Dazu werden die Werte von unterschiedlichen Berichtsjahren in Beziehung zum Wert des Basisjahres gesetzt:

Beispiel:

$$M = \frac{\text{Umsatz}_{2010}}{\text{Umsatz}_{2002}} \cdot 100 = \frac{9.000}{3.000} \cdot 100 = 300\,\%$$

D. h. der Umsatzanstieg der Produktgruppe „X" betrug 2010 (in Relation zu 2002) 200 % (= Index – 100).

Ungewogene Indizes ($I_{ungew.}$)
Angenommen, es geht um die Fragestellung „Wie haben sich die durchschnittlichen Umsatzwerte (= Mittelwert über drei Produktgruppen) der Jahre 2003 bis 2010 zur Ba-sis 2002 verändert?", so berechnet man den so genannte „ungewogenen Index". Er ist das Verhältnis zweier Mittelwerte:

Zur Ermittlung der Lösung werden zuerst die arithmetischen Mittelwerte pro Jahr über alle drei Produktgruppen berechnet, z. B.:

$$\mu_{2002} = \sum x_i : n = (3.000 + 1.000 + 2.000) : 3 = 2.000$$
$$\mu_{2010} = \sum x_i : n = (12.000 + 5.000 + 5.400) : 3 \approx 7.467$$

Anschließend wird der Mittelwert pro Jahr in Relation zur Basis 2002 gesetzt:

$$\frac{7.466}{2.000} \cdot 100 = 373{,}30$$

Allgemein:

$$\frac{\frac{\sum x_t}{n}}{\frac{\sum x_0}{n}} \cdot 100 = \frac{\sum x_t}{\sum x_0} \cdot 100$$

mit
t: Berichtsperiode
0: Basisperiode

z. B.

$$\text{Index }_{2002/2006} = \frac{12.000 + 5.000 + 5.400}{3.000 + 1.000 + 2.000} \cdot 100$$

$$= \frac{22.400}{6.000} \cdot 100 = 373,33$$

d. h. der Umsatz des Jahres 2006 hat sich gegenüber der Basis 2002 um durchschnittlich 273 % (= 373,0 − 100) erhöht.

Gewogene Indizes

Der ungewogene Index setzt voraus, dass die Umsatzwerte der einzelnen Produktgruppen innerhalb des Gesamtumsatzes das gleiche Gewicht haben. Dies ist jedoch selten der Fall. Daraus ergibt sich, dass richtigerweise die einzelnen Umsatzwerte gewichtet werden müssten. Demzufolge setzt man den ungewogenen Index i. d. R. nur bei Schnellrechnungen ein. Bei einem gewogenen Index stellt sich die Frage, welches Gewichtungsschema zu Grunde zu legen ist, das auch korrekt dem Sachverhalt und der Fragestellung entspricht. Als Gewichtungsschema kommen z. B. Preise, Arbeitsstunden, Mengen oder Kosten infrage. Bei der Gestaltung des Gewichtungsschemas gibt es zwei bekannte Variationen: Das Gewichtungsschema wird

• auf die Basisperiode oder
• auf die Berichtsperiode bezogen.

Beim **Index nach Laspeyres** werden die Werte der Basisperiode und

beim **Index nach Paasche** werden die Werte der Berichtsperiode als Gewichtungsschema genommen.

	Preisindex	Mengenindex
Laspeyres:	Die Preise werden mit den Mengen der Basisperiode gewichtet. $\dfrac{\sum p_t \cdot x_0}{\sum p_0 \cdot x_0} \cdot 100$	Die Mengen werden mit den Preisen der Basisperiode gewichtet. $\dfrac{\sum x_t \cdot p_0}{\sum x_0 \cdot p_0} \cdot 100$
Paasche:	Die Preise werden mit den Mengen der Berichtsperiode gewichtet. $\dfrac{\sum p_t \cdot x_t}{\sum p_0 \cdot x_t} \cdot 100$	Die Mengen werden mit den Preisen der Berichtsperiode gewichtet. $\dfrac{\sum x_t \cdot p_t}{\sum x_0 \cdot p_t} \cdot 100$

29.5 Grafische Darstellungen der Statistik − Grundformen

→ Übungen, S. 161 ff.

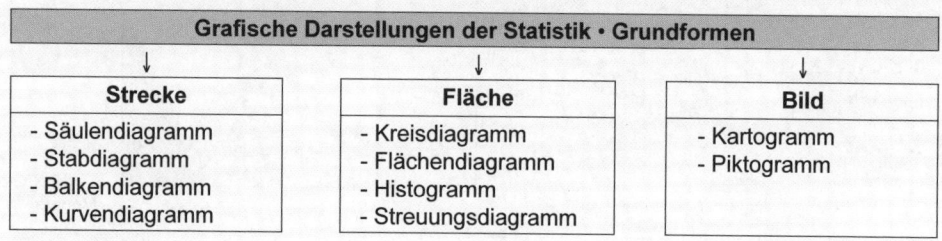

Grafische Darstellungen der Statistik • Grundformen		
Strecke	**Fläche**	**Bild**
- Säulendiagramm - Stabdiagramm - Balkendiagramm - Kurvendiagramm	- Kreisdiagramm - Flächendiagramm - Histogramm - Streuungsdiagramm	- Kartogramm - Piktogramm

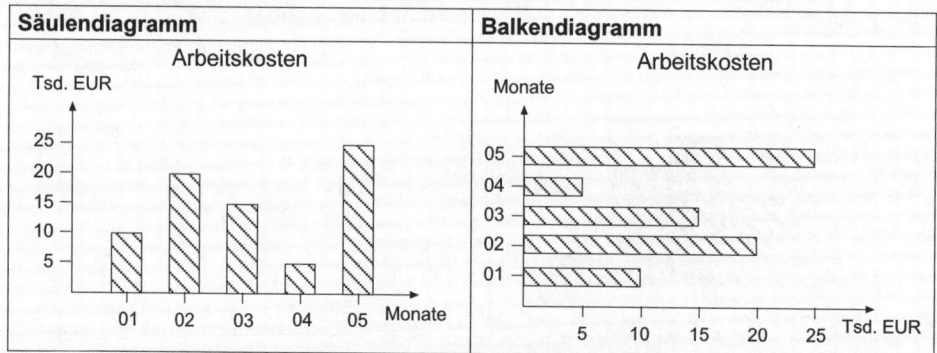

Säulendiagramm

Balkendiagramm

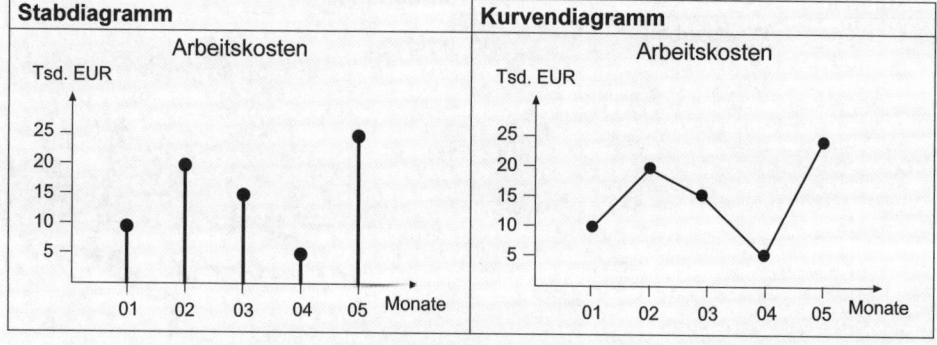

Stabdiagramm

Kurvendiagramm

Kreisdiagramm

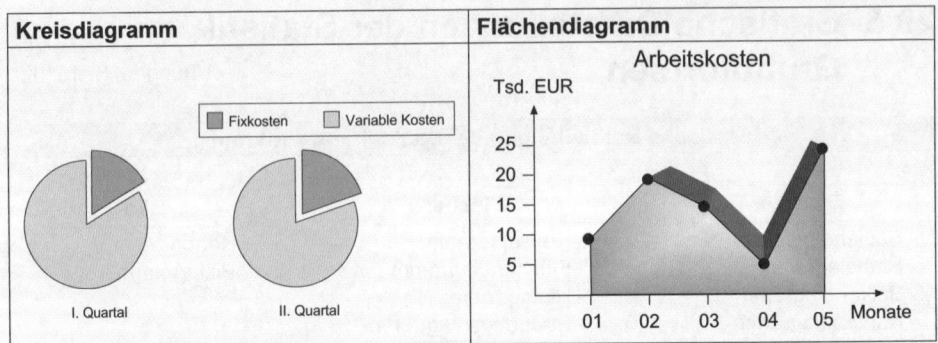

| Fixkosten | Variable Kosten |

I. Quartal   II. Quartal

Flächendiagramm

Arbeitskosten

Tsd. EUR

25
20
15
10
5

01   02   03   04   05   Monate

Histogramm

Unfälle

Einheiten

25

15

5

t_1 t_2 t_3 t_4 t_5 Zeit, t

Streuungsdiagramm

Messfehler

Einheiten

25

15

5

t_1 t_2 t_3 t_4 t_5 Zeit, t

Piktogramm

Waldsterben

Anzahl in Tsd.

25

15

5

t_1 t_3 t_5 Zeit, t

Kartogramm

Schleswig-Holstein
Mecklenburg-Vorpommern
Hamburg
Bremen
Niedersachsen
Berlin
Brandenburg
Nordrhein-Westfalen
Sachsen-Anhalt
Bonn
Hessen
Thüringen
Rheinland-Pfalz
Saarland
Bayern
Baden-Württemberg

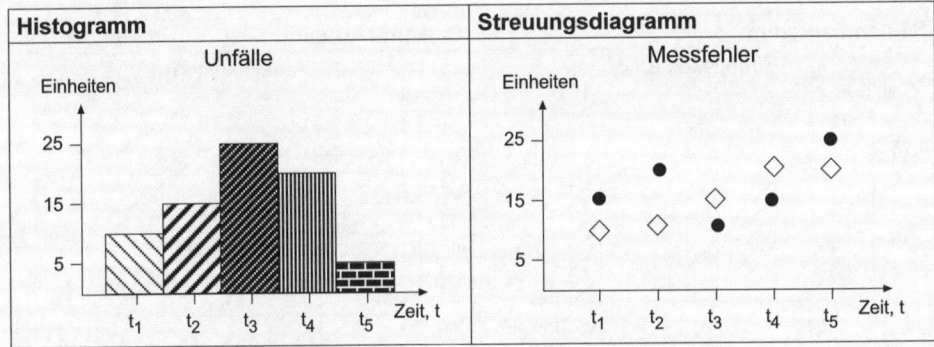
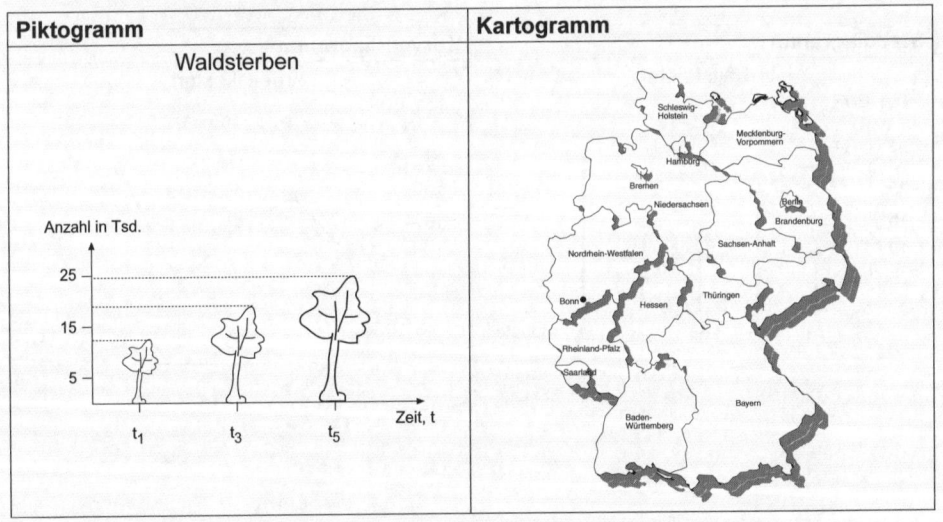

29.6 Statistische Mittelwerte

→ Übungen, S. 165 ff.

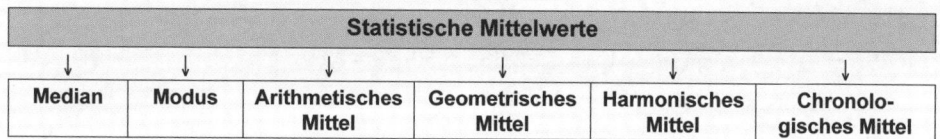

Median	Modus	Arithmetisches Mittel	Geometrisches Mittel	Harmonisches Mittel	Chronolo-gisches Mittel

Ausgangsbeispiel:
Ein Unternehmen stellt fest, dass für ein Produkt in den zehn Verkaufsregionen folgende Preise existieren: 5,00; 4,00; 3,50; 2,00; 3,50; 2,00; 2,50; 4,00; 3,50; 5,00.

Arithmetisches Mittel (µ; ungewogen)

Das arithmetische Mittel einer Häufigkeitsverteilung ist die Summe aller Merkmalsausprägungen dividiert durch die Anzahl der Beobachtungen:

$$\mu = \frac{\sum x_i}{n} = (5{,}00 + 4{,}00 + \ldots + 5{,}00) : 10 = 3{,}50$$

Arithmetisches Mittel (µ; gewogen)

Liegen die Daten in gruppierter Form vor, ist es zweckmäßiger, das arithmetische Mittel in gewogener Form zu berechnen: Jede der verschiedenen Merkmalsausprägungen x_i (i = 1, ... , r) multipliziert (gewichtet) man mit der entsprechenden Häufigkeit (n_i) und bildet anschließend die Summe:

$$\mu = \frac{\sum x_i \cdot n_i}{n}$$
$$i = 1, 2, \ldots, r$$
$$\sum n_i = n$$

$$\mu = (2{,}00 \cdot 2 + 2{,}50 \cdot 1 + \ldots + 5{,}00 \cdot 2) : 10 = 3{,}50$$

x_i	n_i	$x_i \cdot n_i$	Arbeitstabelle
2,00	2	4,00	
2,50	1	2,50	
3,50	3	10,50	
4,00	2	8,00	
5,00	2	10,00	
$\sum$	10	35,00	

Zentralwert (= Median; Mz)

Ordnet man die Werte einer Urliste der Größe nach, so ist der Median dadurch gekennzeichnet, dass 50 % der Merkmalsausprägungen kleiner gleich und 50 % der Merkmalsausprägungen größer gleich dem Zentralwert Mz sind; der Median teilt also die der Größe nach geordneten Werte in zwei „gleiche Hälften":

geordnete Reihe: 2,00; 2,00; 2,50; 3,50; 3,50; $\sqrt{}$ 3,50; 4,00; 4,00; 5,00; 5,00

Bei n = gerade, ist der Median das arithmetische Mittel der in der Mitte stehenden
Werte:

$$Mz = \frac{1}{2} \left(\frac{x_n}{2} + \frac{x_{n+1}}{2} \right) = (3{,}50 + 3{,}50) : 2 = 3{,}50$$

Bei n = ungerade, z. B. bei einer statischen Reihe mit 11 Werten, ist der Median der in
der Mitte stehende Wert:

geordnete Reihe: 2,00; 2,00; 2,50; 3,50; 3,50; 3,50; 4,00; 4,00; 5,00; 5,00; 3,20

$$Mg = \frac{x_{n+1}}{2} = 3{,}50$$

Modalwert (Mo)

Als Modalwert (= dichtester Wert; auch Modus genannt) bezeichnet man die Merkmalsausprägung innerhalb einer Häufigkeitsverteilung mit der größten Häufigkeit (so weit
vorhanden):

Mo = 3,50

x_i	n_i	$x_i \cdot n_i$	
2,00	2	4,00	
2,50	1	2,50	
3,50	**3**	10,50	← n_i (max)
4,00	2	8,00	
5,00	2	10,00	
Σ	10	35,00	

Geometrisches Mittel

Bei Daten, die sich aus Wachstumsprozessen ergeben, ist dem arithmetischen das
geometrische Mittel Mg vorzuziehen. Es ist die n-te Wurzel aus dem Produkt von n
Merkmalswerten:

$$Mg = \sqrt[n]{x_1 \cdot x_2 \cdot x_3 \cdot \ldots \cdot x_n} = \sqrt{2{,}00 \cdot 2{,}00 \cdot 2{,}50 \cdot \ldots \cdot 5{,}00} = \sqrt{171.500}$$

$$Mg = \sqrt[10]{171.500} = 3{,}34$$

Harmonisches Mittel

Das (gewogene) *harmonische Mittel* x_H der Ausprägungen x_j (j = 1, ..., k) des Merkmals
X mit den Häufigkeiten n_j (mit $\sum n_j = n$) ist definiert als

$$x_H = \frac{n}{\sum \dfrac{n_j}{x_j}}$$

$$x_H = \frac{n}{\sum n_j : x_j} = 100 : 1{,}65 = 60{,}6 \text{ km/h}$$

Beispiel: Ein Fahrzeug fährt vier Teilstrecken mit folgenden Geschwindigkeiten. Gesucht ist die Durchschnittsgeschwindigkeit für die Gesamtstrecke (bei gleicher Zeit).

Teilstrecke	1	2	3	4	$\sum$
Länge der Teilstrecke in km	30	10	40	20	
Geschwindigkeit in km/h	40	50	80	100	
$\sum n_j$		30 + 10 + 40 + 20			100
$n_j : x_j$	30 : 40 = 0,75	10 : 50 = 0,20	40 : 80 = 0,50	20 : 100 = 0,20	
$\sum n_j : x_j$					1,65

Chronologisches Mittel

Will man den Mittelwert von Bestandgrößen B_i über einen Zeitraum von t_0 bis t_n ermitteln, so verwendet man das chronologische Mittel. Die Formel ist ähnlich der des arithmetischen Mittels; allgemein gilt:

$$B_{0,n} = \frac{(B_1 : 2 + B_2 + ... + B_n : 2)}{n}$$

$= (B_1 : 2 + B_2 + B_3 + B_4 : 2) : 4$

$= 240 : 4 = 60$

Beispiel: Für die folgenden Bestände soll der Durchschnitt berechnet werden. Für $n = 4$ Bestände und dem Anfangsbestand B_0 gilt für den Durchschnittsbestand $B_{0,4}$:

Stichtage	t_0	t_1	t_2	t_3	t_4	$\sum$
Bestände B_i	60	50	70	50	80	
Berechnung	60 : 2 = 30	50	70	50	80 : 2 = 40	240

29.7 Statistische Streuungsmaße

→ Übungen, S. 165 ff. 174 f.

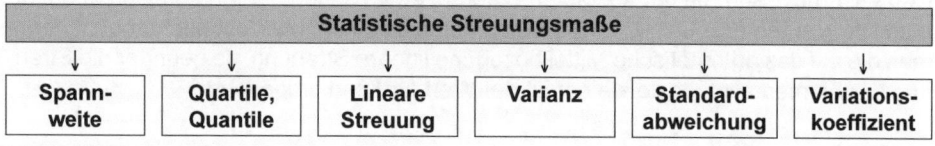

Statistische Streuungsmaße					
Spann-weite	Quartile, Quantile	Lineare Streuung	Varianz	Standard-abweichung	Variations-koeffizient

Spannweite (= Range; SP)

Die Spannweite ist das einfachste Streuungsmaß. Sie wird als die Differenz zwischen dem größten und dem kleinsten Urlistenwert definiert.

$$SP = x_{max} - x_{min}$$

$= 5 - 2 = 3$

Quartile, Quantile
Der Median (Zentralwert) teilt die geordnete Reihe der Urlistenwerte in zwei gleich
große Teile. Analog kann man eine geordnete statistische Reihe in vier, zehn, 100 oder
allgemein in k gleiche Teile zerlegen. Die Werte dieser Teilung nennt man

• Quartile,   → Übungen, S. 181 ff.
• Dezentile,
• Perzentile oder allgemein
• k-Quantile.

Beispiel:

2,00	2,00	2,50	3,50	3,50	3,50	4,00	4,00	5,00	5,00
x_1	x_2	x_3	x_4	x_5	x_6	x_7	x_8	x_9	x_{10}

$$Q_1 = 3,00 \qquad Q_2 = 3,50 \qquad Q_3 = 4,00$$

unteres Quartil:

i	=	$n \cdot 0{,}25$	oder:	Q_1	=	$(x_i + x_{i+1}) : 2$
	=	$10 \cdot 0{,}25$			=	$(x_3 + x_4) : 2$
	=	$2{,}5$			=	$(2{,}50 + 3{,}50) : 2$
	≈	$3{,}00$			=	$3{,}00$

mittleres Quartil = Median:

i	=	$n \cdot 0{,}5$	oder:	Q_2	=	$(x_i + x_{i+1}) : 2$
	=	$10 \cdot 0{,}5$			=	$(x_5 + x_6) : 2$
	=	$5{,}00$			=	$(3{,}50 + 3{,}50) : 2$
					=	$3{,}50$

oberes Quartil:

i	=	$n \cdot 0{,}75$	oder:	Q_3	=	$(x_i + x_{i+1}) : 2$
	=	$10 \cdot 0{,}75$			=	$(x_8 + x_9) : 2$
	=	$7{,}50$			=	$(4{,}00 + 4{,}00) : 2$
	≈	$8{,}00$			=	$4{,}00$

Lineare Streuung (l)
Den Ausdruck „Summe der absoluten Differenzen zwischen der Merkmalsausprägung
x_i und dem arithmetischen Mittel μ dividiert durch die Anzahl der Beobachtungen" nennt
man die auf das arithmetische Mittel bezogene lineare Streuung. Je geringer die Streuung der Elemente ist, desto kleiner ist der Wert für l und umgekehrt.

$$l = \frac{\sum |x_i - \mu| \cdot n_i}{n}$$

$$i = 1, 2, ..., r$$

x_i	n_i	$|x_i - \mu|$	$|x_i - \mu| \cdot n_i$
2,00	2	1,50	3,00
2,50	1	1,00	1,00
3,50	3	—	—
4,00	2	0,50	1,00
5,00	2	1,50	3,00
$\sum$	10		8,00

$l = 8 : 10 = 0,80$

Mittlere quadratische Abweichung (Varianz; s^2)

Die Varianz s^2 ist in der Berechnungsformel der linearen Streuung ähnlich. Statt der Absolutbeträge wird das jeweilige Quadrat der Abweichungen zwischen der Merkmalsausprägung x_i und dem Mittelwert μ berechnet. Durch den Vorgang des Quadrierens erreicht man, dass große Abweichungen stärker und kleine Abweichungen weniger berücksichtigt werden.

$$s^2 = \frac{\sum (x_i - \mu)^2 \cdot n_i}{n}$$

$$i = 1, 2, ..., r$$

x_i	n_i	$(x_i - \mu)$	$(x_i - \mu)^2$	$(x_i - \mu)^2 \cdot n_i$
2,00	2	1,50	2,25	4,50
2,50	1	1,00	1,00	1,00
3,50	3	—	—	—
4,00	2	0,50	0,25	0,50
5,00	2	1,50	2,25	4,50
$\sum$	10			10,50

$s^2 = 10,50 : 10 = 1,05$

Standardabweichung (s)

Die Standardabweichung als die positive Wurzel aus der Varianz ist das wichtigste Streuungsmaß:

$$s = \sqrt{\frac{1}{n} \sum (x_i - \mu)^2 \cdot n_i}$$

$$= \sqrt{1,05} = 1,024695 \approx 1,02$$

$$i = 1, 2, ..., r$$

Variationskoeffizient (v)
Die bisher dargestellten Streuungsmaße haben den Nachteil, dass sie gegenüber Maß-
stabsänderungen nicht invariant sind. Will man diesen Nachteil vermeiden, so benutzt
man den Variationskoeffizienten v. Man erhält ihn, indem man die Standardabweichung
durch das arithmetische Mittel dividiert:

Beispiel:

$$v = \frac{s}{\mu} \qquad = \ 1{,}02 : 3{,}5 \qquad = \qquad 0{,}2914$$

oder in % vom Mittelwert:

$$v = \frac{s}{\mu} \cdot 100 \qquad = \ 29{,}14\ \%$$

Stichwortverzeichnis